Ernst Probst

Der Tatzelwurm

Das Rätseltier in den Alpen

GRIN Verlag

Bibliografische Information der Deutschen Nationalbibliothek:

Die Deutsche Bibliothek verzeichnet diese Publikation in der Deutschen Nationalbibliografie; detaillierte bibliografische Daten sind im Internet über http://dnb.d-nb.de/ abrufbar.

Impressum:

Druck und Bindung: Books on Demand GmbH, Norderstedt Germany
ISBN: 978 3 656-86032-7

Dieses Buch bei GRIN:

http://www.grin.com/de/e-book/285867/der-tatzelwurm

Ernst Probst

Der Tatzelwurm

Das Rätseltier
in den Alpen

Bild auf der vorhergehenden Seite:

Darstellung eines Tatzelwurms
von Kryptid im Online-Lexikon „Wikipedia“

Coverbild: Antje Püpke - www.fixebilder.de

Meinen Enkelkindern
Max,
Paula
und Jana
gewidmet

Tatzelwurm vom Dachstein (Österreich), der in den 1830-er Jahren einen jungen Mann angegriffen und gebissen haben soll. Zeichnung im „Neuen Taschenbuch für Natur-, Forst- und Jagdfreunde auf das Jahr 1836“, Weimar 1835

Inhalt

Vorwort. Wurm mit zwei Tatzen / S. 7
Der Tatzelwurm / S. 9
Der Tatzelwurm. Von Josef Victor von Scheffel / S. 19
Frühe Berichte und Sichtungen / S. 29
Die Tatzelwurm-Lawine der 1930-er Jahre / S. 49
Das Tatzelwurm-Foto von Meiringen / S. 53
Reaktionen auf die Tatzelwurm-Sensationsartikel / S. 79
Offener Brief von „Nessie" an den Tatzelwurm / S. 85
Der „Tatzelwurm" von Winterthur / S. 101
Das Hallwiler Ungetüm / S. 104
Ein Werbefilm über den Tatzelwurm / S. 104
Der Tatzelwurm als Scherzartikel / S. 105
Nur ein Knochenfisch? / S. 109
Die Schlange der Wiesel / S. 109
Ein Verwandter der Echsen? / S. 115
Der Haselwurm / S. 117
Die Krönleinschlange / S. 121
Der Basilisk / S. 123
Sichtungen von Tatzelwürmern / S. 127
Literatur / S. 139
Bildquellen / S. 145
Ortsregister / S. 151,
Personenregister / S. 154
Sachregister / S. 158
Der Autor / S. 167

Angeblich erste Aufnahme von einem Tatzelwurm des Fotografen Paul Balkin, erstmals veröffentlicht in „Berliner Illustrirte Zeitung" vom 17. April 1935

Vorwort

Wurm mit zwei Tatzen

Ein unscharfes Foto von einem unbekannten Tier aus der Schweiz mit einem Maul wie ein Haifisch, furchterregenden Zähnen und einer Nase wie ein Affe sorgte im April 1935 für großes Aufsehen in Europa. Denn bei diesem in einer Berliner Zeitschrift veröffentlichten Bild handelte es sich angeblich um die erste Aufnahme von einem Tatzelwurm. Gemeint war damit allerdings nicht ein riesiger Drache (auch Lindwurm oder Tatzelwurm genannt), sondern ein oft nur einen halben Meter langes Geschöpf. Immer wieder wollen Augenzeugen einen solchen Wurm mit katzenartigem Kopf und zwei kurzen Beinen gesehen haben. Der Name Tatzelwurm beruht auf seinen zwei Tatzen, die für einen Wurm ungewöhnlich sind. Seine Heimat sollen die Berge der Alpen und deren Vorland sein. Die meisten Menschen betrachten den Tatzelwurm lediglich als Fabeltier, das nur in der Phantasie existiert. Es gibt aber auch Leute, die ihn für ein tatsächlich heute noch vorkommendes Tier halten. Was davon richtig ist, müssen die Leser/innen des Buches „Der Tatzelwurm“ selbst entscheiden. Verfasser ist der Wiesbadener Wissenschaftsautor Ernst Probst, der bereits etliche Werke über Fabeltiere wie Affenmenschen, Drachen, Einhörner, „Nessie“ und andere Seeungeheuer geschrieben hat. Von 1986 bis heute veröffentlichte er mehr als 300 Bücher, Taschenbücher und Broschüren über Themen aus den Bereichen Paläontologie, Zoologie, Kryptozoologie, Archäologie, Geschichte sowie Biografien über berühmte Frauen und Männer.

Holzschnitt eines Basilisken aus dem Werk „Serpentum et draconum historiae" des italienischen Arztes und Naturforschers Ulisse Aldrovandi (1522–1605), das 1640 erst nach seinem Tod erschien.

Der Tatzelwurm

Ein legendärer Halbdrache namens Tatzelwurm erregt seit Jahrhunderten die Phantasie vieler Menschen in Europa. Seine Heimat sind offenbar das Gebiet und das Vorland der Alpen in Deutschland (Bayern), Österreich (Kärnten, Niederösterreich, Oberösterreich, Salzburg, Steiermark, Tirol), der Schweiz (Kantone Bern, Jura, Solothurn), Italien (Südtirol) und Frankreich. Der Tatzelwurm gilt als kleiner Verwandter von Drache und Lindwurm, erscheint in unterschiedlicher Gestalt und Größe und trägt zahlreiche Namen. Über seine wahre Natur streiten sich seit langem die Gelehrten. Viele halten ihn für ein Fabeltier, wenige dagegen für ein tatsächlich existierendes Lebewesen.

Laut Sagen und Beschreibungen von Augenzeugen erreicht der Tatzelwurm eine Länge zwischen einem halben Meter und zwei Metern. Sein Kopf erinnert an eine Raubkatze. Das Tier hat einen stechenden Blick. Der plumpe, schmutzig-weiße Körper mit einem Umfang wie ein menschlicher Oberarm bis zu einem Schenkel erscheint reptilartig. Die kurzen Vorderbeine sind mit Pranken bewaffnet. Manchmal wurden auch Hinterbeine beobachtet. Mit den Beinen sind Riesensprünge von zwei bis drei Metern möglich.

Mitunter ist von Giftzähnen die Rede, durch deren Biss man sofort stirbt. Einerseits soll der Tatzelwurm relativ scheu sein, andererseits aber auch Menschen und Tiere angreifen. Angeblich entsteht der Tatzelwurm auf die selbe Weise wie ein Basilisk. Dabei handelt es sich um ein Mischwesen mit dem Oberkörper eines Hahns, mit einer Krone auf dem Kopf und mit einem Unterleib wie eine Schlange.

Dem Tatzelwurm schreibt man ungewöhnliche Eigenschaften zu. Wenn er durch den Sand kriecht, schmilzt der Sand zu Glas. Bewirkt werde dies durch die Hitze, die der Körper des Tatzelwurms ausstrahle. Die Stollen und Höhlen, die ihm als Behausungen dienen, gräbt er selbst in den Fels.

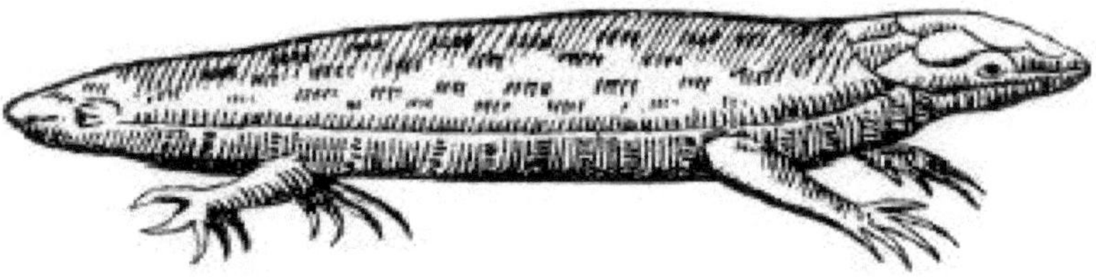

Darstellung eines vierfüßigen Tatzelwurms
von Ulisse Aldrovandi (1522–1605) aus dem 17. Jahrhundert

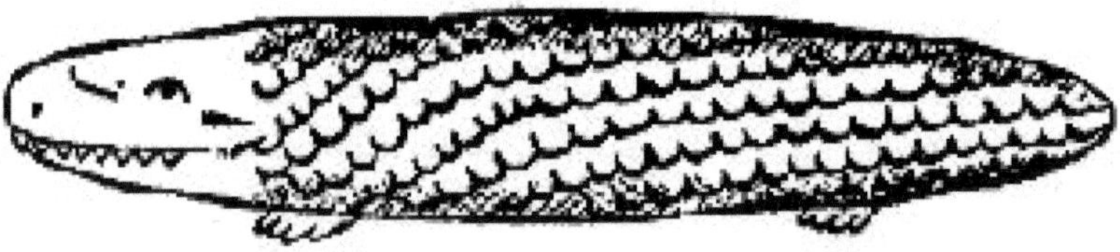

Darstellung eines vierfüßigen Tatzelwurms in „Neues Taschenbuch für Natur-, Forst- und Jagdfreunde auf das Jahr 1836"

Darstellung eines zweifüßigen Tatzelwurms
in „Alpenrosen, ein Taschenbuch für das Jahr 1841"

Andere Gestalt und Größe als der Tatzelwurm aus dem Gebiet und Vorland der Alpen haben der großgewachsene, geflügelte und feuerspeiende Drache, vor dem sich die Menschen im Mittelalter fürchteten, der erwähnte Basilisk, der Haselwurm, die Krönleinschlange (Schlangenkönig mit goldenem Krönchen) und der Tausendfüsser (Tausendfüssler), der in manchen Gegenden der Schweiz auch Tatzelwurm heißt.
Der Name Tatzelwurm setzt sich aus den Begriffen Tatze – für Bein, Klaue, Pfote oder Pratze – und Wurm zusammen. In der Literatur über ihn findet man viele Bezeichnungen. Ausdrücke wie Daazlwurm, Dazzelwurm, Flüsselwurm, Praatzelwurm, Pratzelwurm, Tatzlwurm, Tazelwurm oder Tazzelwurm bezeichnen offenbar eine Schlange mit stark reduzierten Gliedmaßen. Einst hat man eine Schlange auch als Wurm betitelt. Bergstutz, Birgstutz, Birgstutzen, Natternstutz und Waldstutz erinnern an die gedrungene, hinten abgestutzte Gestalt. Die Begriffe Stollenwurm oder Stollwurm beruhen nicht darauf, dass sich diese Tiere in verlassenen Bergwerksstollen aufhalten, sondern auf den kurzen Füßen oder Stollen (Stumpffuß), wie sie Fußballschuhe haben. Von der runden Kopfform abgeleitet dürften die Namen Bisamkatze, Gartenkatze und Steinkatze sein. Die Bezeichnungen Bisamkatze, Bisamwurm, Moschusschlange sowie schmeckender, schmecketer oder schmöketer Wurm sollen auf einen starken Geruch hinweisen. Bergstutz, Heuwurm, Legernwurm (Legern = Legföhren), Steinkatze oder Waldstutz verraten beliebte Aufenthaltsorte. Springwurm bezieht sich auf das sprungartige Vorschnellen des Tieres oder dessen erstaunliche Behendigkeit und Angriffslust. Der in Unterkärnten übliche slawische Name Psokok soll ebenfalls Springer bedeuten. In den französischen Alpen heißt das Tier Arassas.
Mit einem Tatzelwurm befassen sich viele alte Sagen. Teilweise handeln diese aber nicht von einem kleinen Tatzelwurm wie im Alpengebiet sondern von einem großen feuerspeienden Drachen. Letzteres ist beispielsweise beim Aschaffenburger Tatzelwurm in Unterfranken der Fall. Er soll in der Rückersbacher Schlucht zwischen

Aschaffenburg und Kahl gehaust und bei Wochenmärkten in Kleinostheim, Dettingen oder Kahl, das ihm seinem Namen verdanke, die Verkaufsstände leergefressen haben. Nachdem ein mit Futterrüben beladenes Fuhrwerk auf einer abschüssigen Gasse in die Stadtmauer von Aschaffenburg gerast war und in jene ein Loch gerissen hatte, konnte der Tatzelwurm auch diese Stadt verwüsten. Das schändliche Treiben des Aschaffenburger Tatzelwurms fand erst ein Ende, nachdem er von einem Turm aus mit schweren Glocken beworfen wurde. Die Treffer auf dem Rücken bewirkten, dass sich das Untier nicht mehr krümmen konnte, nach Stockstadt verschwand und nie mehr in Aschaffenburg auftauchte.
Dem Internet-Lexikon „Wikipedia" zufolge, wurde der Tatzelwurm aber auch in modernen Zeiten immer wieder gesichtet. Es liegen zahlreiche Augenzeugenberichte aus dem 20. Jahrhundert vor. 1948 und 1968 erfolgten Sichtungen in den französischen Alpen. 1950 erblickten verschiedene Leute im Jura einen Tatzelwurm. 1953 wurde der Augenzeugenbericht eines zwölfjährigen Kindes publiziert, das in St. Georgen (San Giorgio) bei Bozen (Südtirol) einen dicken „Wurm" mit einer Eidechse im Maul beobachtet hatte. Im Sommer 1963 sorgte ein etwa vier Meter langer Tatzelwurm in der Gegend von Udine in Oberitalien für Aufsehen. Sein Kopf soll so groß wie der eines Kindes gewesen sein. Bevor er erschien, habe er einen hohen Pfiff von sich gegeben. Anfang der 1980-er Jahre tauchte der Tatzelwurm in den französischen Alpen auf, 1984 bei Aosta.
Der Tatzelwurm ist auf umstrittenen Zeichnungen und Fotos zu sehen. Im Museum „Haus der Natur" in Salzburg hat man lange Zeit einen Platz für ihn reserviert. Aber bisher konnte kein lebender Tatzelwurm gefangen und auch kein Leichnam oder ein Skelett von ihm gefunden werden, auch wenn dies mitunter behauptet wird. Um 1810 hatte die „Naturforschende Gesellschaft Bern" eine Belohnung von drei bis vier Louis d'or für den ersten lebendigen, toten, großen oder kleinen Stollenwurm ausgesetzt, der nach Bern gebracht würde. Doch niemand kam in den Genuss dieses Geldes.

Dagegen hatten Aufrufe nach Augenzeugenberichten über Begegnungen mit einem Tatzelwurm Erfolg. 1928 startete der katholische Geistliche und Naturforscher Gymnasialprofessor Dr. Karl Meusburger (1870–1940) aus Brixen in der Südtiroler Zeitschrift „Der Schlern" einen solchen Aufruf. 1930 folgte ein Aufruf des deutschen Mediziners und Schriftstellers Dr. med. phil. Gerhard Venzmer (1893–1986) in der naturkundlichen Zeitschrift „Kosmos", dem „Zentralblatt für das naturwissenschaftliche Bildungs- und Sammelwesen". Bis 1934 zeichneten Meusburger und der Tatzelwurm-Experte Diplom-Ingenieur Hans Flucher (1896–1990) aus Saalfelden rund 85 mehr oder weniger authentische Beobachtungen auf und veröffentlichten sie in „Der Schlern" und „Kosmos". Flucher hatte 1932 im „Kosmos" gemahnt: „In einer Sache bin ich mit allen Zweiflern einig: Lieber der ganzen Tatzelwurm-Angelegenheit mit Mißtrauen, als mit einer zu großen Begeisterung gegenüberstehen. Denn das kann einer sachlichen Behandlung dieses Problems nur nützen und eher zu einer befriedigenden Lösung führen."
An den Tatzelwurm erinnern Lokalitäten, Straßen (Tatzelwurm-Straße im nördlichen Mangfallgebirge in Bayern), Brücken (Holzbrücke bei Essing), Hotels („Feuriger Tatzelwurm" in Oberaudorf, Bayern), Fahrzeuge, Flugzeuge (Transportflugzeug Arado Ar 232), Veranstaltungen und Gedichte. Im Strudeltopf (Gumpe) des Tatzelwurm-Wasserfalls bei Oberaudorf in Oberbayen hauste angeblich einst ein menschenfressender Tatzelwurm. Am Fuß dieses Wasserfalls erbaute der Bauer Simmerl Schweinsteiger den Alpengasthof „Zum feurigen Tatzelwurm". Anlässlich dessen Eröffnung im Jahre 1863 hatte der badische Hofmaler August Vischer (1821–1898) ein Bild dieses Untiers gemalt, das über den Fenstern des Erdgeschosses angebracht und im Beisein der Gäste enthüllt wurde. Der Dichter Joseph Victor von Scheffel (1826–1886) widmete dem Tatzelwurm, den er als großen, flugfähigen und feuerspeienden Drachen schilderte, ein Gedicht. Letzteres wurde von Scheffel für seinen Freund Simmerl Schweinsteiger geschaffen.

Obere Stufe der Tatzelwurm-Wasserfälle nahe des Weilers Tatzelwurm im Mangfallgebirge in den Bayerischen Alpen. Foto: Mummelgrummel bei „Wikipedia" / CC-BY-SA3.0

Postkarte mit Bild des 1863 eröffneten Gasthauses „Feuriger Tatzelwurm" in Oberaudorf (Bayern) und Gedicht „Der Tazzelwurm" von Joseph Victor von Scheffel (1826–1886)

Foto auf Seite 16: Schilder zu den Tatzelwurm-Wasserfällen und zum Gasthof „Tatzelwurm" in Oberaudorf (Bayern).
Foto: Mummelgrummel bei „Wikipedia" / CC-BY-SA3.0

Foto auf Seite 17 oben: Tatzelwurm-See an der Tatzelwurm-Pass-Straße in den Bayerischen Alpen.
Foto: Steffs88 bei „Wikipedia" / CC-BY-SA4.0

Foto auf Seite 17 unten: Münchner Straßenbahn Typ P1, genannt Tatzelwurm, im Hannoverschen Straßenbahn-Museum.
Foto: Fritz F. bei „Wikipedia" / CC-BY-SA3.0

Dichter Joseph Victor von Scheffel (1826–1886).
Zeichnung aus der Zeitschrift „Die Gartenlaube“ von 1870

Der Tazzelwurm
Von Joseph Victor von Scheffel

Als noch ein Bergsee klar und gross
In dieser Täler Tiefen floss,
Hab' ich allhier in grosser Pracht
Gelebt, geliebt und auch gedracht
Als Tazzelwurm.

Vom Pentling bis zum Wendelstein
War Fels und Luft und Wasser mein,
Ich flog und ging und war gerollt,
Und statt auf Heu schlief ich auf Gold
Als Tazzelwurm.

Hornhautig war mein Schuppenleib
Und Feuerspei'n mein Zeitvertreib,
Und was da kroch den Berg herauf,
Das blies ich um und frass es auf
Als Tazzelwurm.

Doch als ich mich so weit vergass
Und Sennerinnen roh auffrass,
Da kam die Sündflut grausenhaft
Und tilgte meine Bergwirtschaft
Zum Tazzelwurm.

Jetzt zier' ich nur gemalt im Bild
Des Schweinesteigers neuen Schild,
Die Senn'rin hört man jauchzend schrei'n
Und keine fürcht't das Feuerspei'n
Des Tazzelwurms.

Historischer Weinbrunnen (Tatzelwurm-Brunnen) in Kobern-Gondorf an der Mosel (Rheinland-Pfalz). Foto: Abrasax bei „Wikipedia“ / CC-BY-SA3.0

Und kommt so ein gelehrtes Haus
So höhnt's und spricht: „Mit dem ist's aus,
Der war ein vorsündflutlich Vieh,
Doch weise Männer sah'n noch nie
Den Tazzelwurm."

Kleingläub'ge Zweifler! Kehrt nur ein
Und setzt auf Bier Tiroler Wein ...
Ob Ihr dann bis nach Kufstein fleucht,
Ihr spürt, dass ich Euch angekeucht
Als Tazzelwurm.

Und ernsthaft spricht der Klausenwirt:
„Schwernoth! Woher sind die verirrt?
Das Fusswerk schwankt ... im Kopf ist Sturm ...
Die sahen all' den Tazzelwurm!"
Den Tazzelwurm!

Längliche Bauwerke oder Fahrzeuge erhalten oft den Namen Tatzelwurm. Beispielsweise heißt die Hochbrücke Freimann, ein Abschnitt der A9 im Norden von München, auch Tatzelwurm. Letzteren Namen trägt auch die Münchner Straßenbahn „Typ P1". Im Bozener Stadtteil Gries gab es von 1972 bis 1974 drei „Internationale Tatzelwurm-Volksmärsche". In Kobern-Gondorf an der Mosel (Rheinland-Pfalz) gilt der Tatzelwurm-Brunnen als Attraktion. Tazzelwurm heißen das erste Kölner Varieté-Theater in Köln nach dem Zweiten Weltkrieg, eine Dampflokomotive der Killesbergbahn Stuttgart und der zweite Umbau-Doppeltriebwagen (Versuchsfahrzeug) der Stuttgarter Straßenbahnen mit der Nummer 201 und seinen zugehörigen Beiwagen Nr. 1201 von 1958.
In manchen Sagen erscheint der Tatzelwurm oder Stollenwurm in zweierlei Gestalt: Entweder als recht häufig auftretendes, dunkel gefärbtes Geschöpf oder in einer merklich selteneren weißen Form,

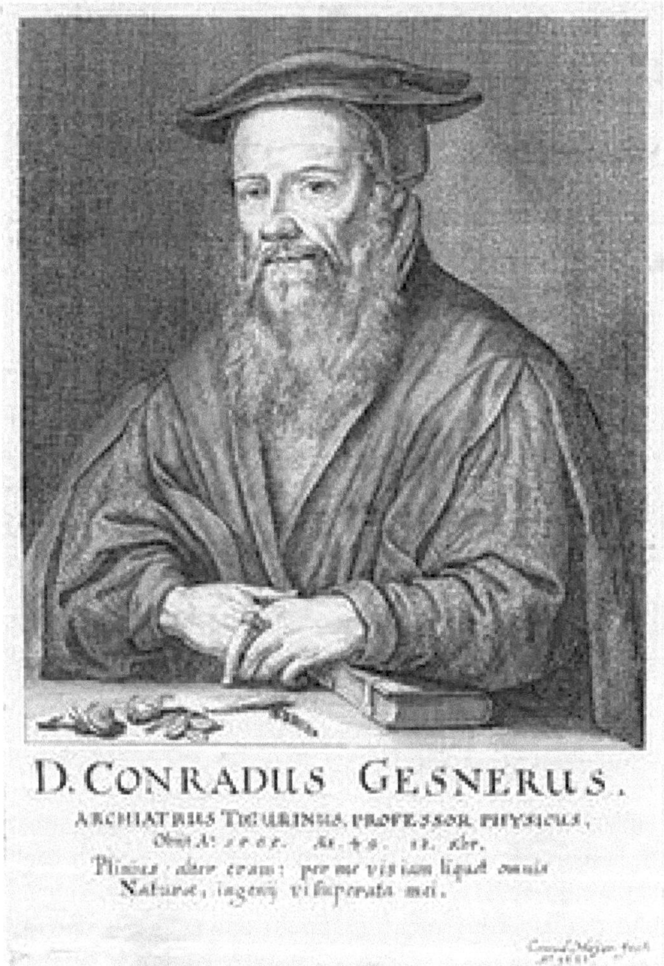

Schweizerischer Naturforscher und Gelehrter
Konrad Gesner (1516–1565).
Stich von Conrad Meyer von 1662

die manchmal sogar eine goldene Krone auf dem Kopf trägt. Laut einer Sage im Berner Oberland stieß ein armes Mädchen auf der Heubühne seiner Hütte auf einen kranken weißen Stollenwurm, gab ihm Milch und erhielt dafür zum Dank eine goldene Krone geschenkt. Als weniger freundlich wird der schwarze Typ geschildert. Er erwürge das Vieh, sauge ihm das Blut aus oder labe sich nachts mit Milch.
Manche Experten glaubten an Beziehungen zwischen dem Tatzelwurm und der Drachensippe. Allerdings erwähnten die alten Naturforscher Konrad Gesner (1516–1565), Athanasius Kircher (1602–1680) und Johann Jakob Scheuchzer (1672–1773) die Namen Tatzelwurm oder Stollenwurm nicht in ihren Werken. Gesner befasste sich in seinem „Schlangenbuch“ (1593) mit den Drachen. Als „Track“ bezeichnete er geflügelte Formen, als Lindwurm die kriechenden, schlangenähnlichen Formen.
Noch im 19. und 20. Jahrhundert behaupteten immer wieder Menschen, sie seien einem leibhaftigen Tatzelwurm begegnet. Bei diesen Augenzeugen handelte es sich nicht nur um primitive, zu abergläubischen Vorstellungen neigende und wenig kritische Personen. Denn es lagen auch Zeugnisse ehrenwerter Personen darunter, die auf ihren guten Ruf achteten.
Bis 1934 hatten Professor Dr. Karl Meusburger und der Diplom-Ingenieur Hans Flucher rund 85 mehr oder weniger authentische Beobachtungen von Tatzelwürmern aufgezeichnet und nummeriert. Über diese Fälle berichteten sie in der Südtiroler volkskundlichen Zeitschrift „Der Schlern“ und in der deutschen naturkundlichen Zeitschrift „Kosmos“. Etliche dieser Sichtungen lagen weit zurück, stammten aus zweiter Hand, waren ungenau oder zu phantasiereich erzählt. Manche Augenzeugen hatten wohl aus Prahlerei oder zur Entschuldigung ihrer Feigheit im Angesicht eines vermeintlichen Tatzelwurms die Begegnung mit ihm übertrieben geschildert und zu dem, was sie wirklich gesehen hatten, noch etwas hinzugedichtet. Aber es waren auch sehr ehrenwerte Personen darunter, die sich wohl kaum zu einer Lügengeschichte hinreissen ließen. Dazu gehören die

Deutscher Jesuit und Universalgelehrer Athanasius Kircher (1602–1680) vor 1664. Zeichnung von Cornelius Bloemart (1603–1680)

Schweizerischer Naturforscher
Johann Jakob Scheuchzer (1672–1773).
Gemälde von Hans Ulrich Heidegger (1700–1747)

Abbildung eines kleinen Drachens aus dem 17. Jahrhundert in dem Werk „Mundus subterraneus“ (1665) des deutschen Jesuiten und Universalgelehrten Athanasius Kircher (1602–1680). Die Zeichnung stellt ein langhalsiges, an einen urzeitlichen Plesiosaurier erinnerndes, ungeflügeltes, zweifüßiges Geschöpf dar, das angeblich im 16. Jahrhundert in Italien erbeutet wurde und als Präparat in die Sammlung des italienischen Arztes und Naturforschers Ulisse Aldrovandi (1522–1605) gelangte.

*Radierung „Draco Montanus" (Berg-Drache)
aus „Ouresiphoites Helveticus, sive itinera per Helvetiae alpinas regiones" (1723) des schweizerischen Naturforschers
Johann Jakob Scheuchzer (1672–1773)*

Fischotter mit Fisch im Maul auf einer Zeichnung des deutschen Kunstnalers Walter Heubach (1865–1923). Möglicherweise wurden wandernde Fischotter als Tatzelwürmer fehlgedeutet.

Meraner Malerin Ada von der Planitz (Fall 2, 1894), der königlich-bayerische Postillon Josef Grill aus Berchtesgaden (Fall 36, 1845), der Hofrat Dr. Albert von Drasenovich, einer der führenden Jäger aus der Steiermark (Fall 46, 1907), der Bundesbahn-Offizial i. R. Kaspar Arnold (Fall 48, 1883), der Telegraphen-Amtsdirektor i. R. Hans Eggenreiter aus Hallstatt (Fall 52, August 1929), der Hof-oberforstrat i. R. Franz Rayl (Fall 65, 1849) und der Branntwein-händler Andreas Klee aus Innsbruck (Fall 81, Mai 1929). Bei einigen Fällen dürfte es sich auch um Verwechslungen mit bekannten Tierarten gehandelt haben. Der Gymnasialprofessor Dr. Meusburger hielt zahlreiche der von ihm aufgezeichneten Fälle als Begegnungen mit Wieseln, Hermelinen, Mardern oder wanderfreudigen Fischottern. Die österreichischen Zoologen Otto Steinböck (1893–1969) aus Innsbruck und Joseph Meixner (1889–1946) aus Graz vermuteten Verwechslungen mit der Kreuzotter, der Glattnatter, der Smaragd-Eidechse sowie dem Alpen- oder Feuersalamander. Professor Meusburger und der Diplom-Ingenieur Flucher wollten aber die Existenz des Tatzelwurms nicht völlig ausschließen.

Frühe Sichtungen und Berichte

Beim Dorf Unken in den Loferer Steinbergen im Salzburger Land erinnerte jahrelang ein Marterl an die tödlich verlaufende Begegnung eines Bauern mit zwei Springwürmern, wie in dieser Gegend die Tatzelwürmer genannt werden. Unter einem Marterl versteht man eine kleine Holztafel mit einem im naivem Stil gemalten Bild. Ein Marterl wird entweder am Unglücksort von Hinterbliebenen zum Gedenken oder am Ort eines glücklichen Geschehens von Überlebenden aufgestellt. Nach der Inschrift des Marterls bei Unken zu schließen, wurde 1779 der Bauer Hans Fuchs beim Beerensammeln von zwei Springwürmern angegriffen. Er warf sich auf den Boden und hielt sich Mund und Nase zu, um sich vor dem Gifthauch der Springwürmer zu schützen. Doch der Gifthauch erreichte ihn doch

Kreuzotter (Vipera berus) beim Verschlucken einer Waldeidechse (Zootoca vivipara) im „Zootoca vivipara“ in Drenthe (Niederlande). Die Kreuzotter gilt als eines der Tiere, die möglicherweise als Tatzelwürmer fehlgedeutet wurden. Foto: Piet Spans bei „Wikipedia“ / CC-BY-SA2.5

Feuersalamander (Salamandra salamandra) im Gras.
Der Feuersalamander gilt als eines der Tiere,
die möglicherweise als Tatzelwürmer fehlgedeutet wurden.
Foto: Michael Linnenbach aus der deutschsprachigen Wikipedia / CC-BY-SA3.0

Das Tatzelwurm-Marterl von Unken.

In gahen Schrecken starb hier von Springwür
mern verfolget Hans Fuchs aus Unken 1779

Bilder auf den Seiten 32 und 33:

Nahe des Dorfes Unken in den Loferer Steinbergen im Salzburger Land (Österreich) erinnerte ein immer wieder ausgetauschtes Marterl an die angeblich tödlich verlaufende Begegnung eines Bauern mit zwei Springwürmern, wie in dieser Gegend die Tatzelwürmer genannt werden. Nach der Inschrift des Marterls bei Unken zu schließen, wurde 1779 der Bauer Hans Fuchs beim Beerensammeln von zwei Springwürmern angegriffen. Auf den Bildern von Seite 32 und 33 liegt der Tote mal auf dem Bauch, mal auf dem Rücken.

Berner Naturforscher und Volkskundler
Samuel Studer (1757–1834).
Gemälde von Pieter Recco (1765–1830) von 1816

und beendete sein Leben. Nach anderen Angaben erlag er einem Herzinfarkt oder seiner Trunksucht. Das erwähnte Marterl gelangte später ins „Salzburger Museum für Naturkunde". Das Tatzelwurm-Marterl von Unken hat man mehrfach erneuert, weil Regen und Schnee die Farben immer wieder verblassen ließen. Mal stellte man den Bauern Hans Fuchs auf dem Bauch liegend, mal auf dem Rücken liegend vor.

Eine frühe Erwähnung des Tatzelwurms in Österreich erfolgte in der 1796 erschienenen „Beschreibung des Erzstifts und Reichsfürstentums Salzburg in Hinsicht auf Topographie und Statistik", 3. Band, des katholischen Aufklärers, Publizisten und Übersetzers Lorenz Hübner (1751–1807). Auf Seite 868 dieses Werkes wird „eine Art Lacerta seps" erwähnt, was „Gift-Eidechse" bedeutet. Der in Donauwörth (Bayern) geborene Hübner lebte von 1784 bis 1799 in Salzburg. Mit der von 1785 bis 1799 in Salzburg erscheinenden „Oberdeutschen Staatszeitung" schuf Hübner ein Medium aufklärerischen Denkens, das über die Landesgrenzen hinaus von Bedeutung war.

Der erste Schweizer, der über den Stollenwurm berichtete, dürfte der Berner Naturforscher und Volkskundler Samuel Studer (1757–1834) gewesen sein. Er steuerte für das Buch „Reise in die Alpen" (1814) von Franz Niklaus König (1765–1832) das Kapitel „Über die Insecten dieser Gegend und etwas über den Stollenwurm" bei. Darin heißt es: „Von Unterseen weg bis einerseits auf die Grimsel, und andererseits bis gegen Gadmen hin, in einer Strecke von 10–12 Stunden, (...) nicht aber im Simmenthal, nicht im Frutig- oder Sanenlande, auch nicht im ganzen Wallis, noch jenseits der südlichen Alpenkette (...) herrscht der beynahe allgemeine Glaube, dass zuweilen nach einer schwülen Hitze, und wenn sich das Wetter bald ändern droht, sich eine Art von Schlangen (...) mit einem fast runden Kopf, ungefähr wie ein Katzenkopf, und mit kurzen Füssen (...) sehen lasse, welche die Einwohner, denen eine Schlange überhaupt ein Wurm, und ein dicker Fuss ein Stollen heisst, daher auch Stollenwürmer heissen. ... Über die Zahl der letzteren (Füsse) waren sie indessen nicht immer einig, doch sprachen die Glaubwürdigsten ... stets nur von zwey, andere aber von vier, noch andere von sechs Füssen, und endlich einige sogar von einer ganzen Menge von dem Bauch herunter hängender Zizen oder Warzen. ... Über die Länge des Thiers stimmten sie auch nicht immer zusammen überein, so wenig als über seine Dicke oder Stärke. Jene geben sie von ungefähr 3 bis 6 Fuss an, und diese vergleichen sie bald mit dem Arm und bald mit dem Schenkel eines starken Mannes."

Studer erwähnte auch einige Augenzeugenberichte, die er zwei Jahre zuvor gehört und in der Schenke in Oberhasle (Kanton Bern) notiert hatte. Seine Gewährsmänner waren unter anderem der Spitalmeister des Grimselspitals, Jakob Leuthold, und der Schulmeister Heinrich aus Guttannen. Beide sagten unter Eid aus, sie hätten den Stollenwurm – „ein gut Klafter lang und Mannesschenkel dick" – im Gebiet zwischen Passhöhe und dem Handeckfall mit eigenen Augen gesehen, zudem auch gerochen und pfeifen gehört. Der Schulmeister Heinrich war im Guttannental an einem Maimorgen 1811 einem „scheusslichen Stollenwurm" begegnet. Das Tier starrte ihn mit seinem „furchtbaren Blick" an, während er zwei „Vaterunser" betete. Dann aber überkam ihn das Grauen und er suchte eilige das Weite.

Es soll Studer gewesen sein, der die „Naturforschende Gesellschaft in Bern" um 1810 veranlasst hat, eine Belohnung „von 3-4 Louis d'or für den ersten lebendigen oder todten, grossen oder kleinen, wahren Stollenwurm, den man uns nach Bern bringen würde" auszusetzen. Diese Prämie musste bis heute nicht ausbezahlt werden.

Der Stollenwurm spielt auch im Kapitel „Reise in das Berner Oberland" in dem Buch „Mythologie der Alpen" (1817) des Berner Philosophie-Professors und Dichters Johann Rudolf Wyss der Jüngere (1782–1830) eine Rolle. Darin heißt es: „Während die Drachen in der jetzigen Schweiz als ausgestorben oder vertilgt betrachtet werden, ist das Oberland noch voll von Sagen und Zeugnissen über ein schlangenartiges Unthier, welches mit dem einheimischen Namen

des Stollenwurms bezeichnet und nach unverdächtigen Zeugnissen vieler Landsleute fast jährlich hier oder dort gesehen wird."
Mit dem Stollenwurm, der mit dem Tatzelwurm identisch ist, befasste sich der schweizerische Geistliche, Staatsmann und Schriftsteller Friedrich von Tschudi (1820–1886) in seinem Werk „Das Thierleben der Alpenwelt" (1856). Er schrieb, im Berner Oberland und im Jura sei der Glaube verbreitet, dass es Stollenwürmer gebe. So bezeichnete man damals drei bis sechs Fuß (etwa 0,90 bis 1,80 Meter) lange, dicke Schlangen mit zwei kurzen Füßen. Diese kämen nur bei anhaltender Trockenheit vor Eintritt des Regenwetters zum Vorschein. Viele rechtschaffene und glaubwürdige Leute beteuerten, solche Tiere selbst gesehen zu haben. 1828 habe ein Bauer in einem vertrockneten Sumpf bei Biel ein ähnliches totes Tier gefunden und es beiseite gelegt, um es zu Professor Franz Joseph Hugi (1796–1855) nach Solothurn bringen. Doch Krähen hätten den Kadaver halb aufgefressen. Das Skelett sei nach Solothurn gebracht worden, wo man aber nicht klug daraus geworden sei. Danach sei es nach Heidelberg gelangt und man habe nichts mehr darüber erfahren. Nach anderen Quellen kam das Skelett zuletzt nach Leipzig.
1883 war der Eisenbahn-Mitarbeiter Kaspar Arnold auf dem Spielberg nahe Hochfilzen in Tirol unterwegs. Dabei begegnete er einem etwa 30 bis 40 Zentimeter langen Wurm mit bösartigem und furchterregendem Blick. Weil sich der Wurm nicht bewegte, ging Arnold in einigem Abstand an dem Tier vorbei. Nach seiner Beschreibung hatte der Wurm eine eidechsenähnliche Gestalt. Der Körper war so dick wie der Arm eines Mannes und hatte eine grünbraune Farbe. Die Haut war mit glänzenden Schuppen überzogen. Am Vorderkörper konnte Arnold zwei kurze Beine erkennen. Er kannte alle heimischen Tiere wie Otter, Eidechsen, Schlangen, Wiesel und Murmeltiere und hatte noch nie ein ähnliches Tier erblickt.
In der „Zeitschrift für österreichische Volkskunde" war 1895 der Artikel „Altes und Neues vom Tazelwurm" des Freiherrn, Schriftstellers, Diplomaten und Forschungsreisenden Josef von Doblhoff

Bild auf Seite 39:

In seinem Werk „Das Thierleben der Alpenwelt" (1856) befasste sich der schweizerische Geistliche, Staatsmann und Schriftsteller Friedrich von Tschudi (1820–1886) mit dem Stollenwurm,
der mit dem Tatzelwurm identisch ist.

Das Thierleben
der
Alpenwelt.
von
F. von Tschudi.

Österreichischer Freiherr, Schriftsteller, Diplomat und Forschungsreisender Josef von Doblhoff (1844–1928)

(1844–1928) aus Salzburg zu lesen. Darin erfuhr man, der pensionierte Fürstlich Liechtensteinische Jäger Rupert Scheurer aus Kleinarl habe öfter einen Tatzelwurm gesehen. Dieser habe das Aussehen einer Schlange, aber vorne hinter dem Rumpf zwei kurze Füße. Der Körper sei ungefähr 50 Zentimeter lang und 5 Zentimeter dick, sei gräulich und schuppig wie bei einer Schlange und mit gelben Tupfen besetzt. Solche Tiere seien scheinbar sehr zornig. Ob ihr Biss giftig sei, wisse er nicht.

Dem Artikel von Doblhoff zufolge, ist der verstorbene Reichsrat-Abgeordnete Friedrich Graf von Dürckheim bei einer Gemsjagd unweit von Stoder (Oberösterreich) einem „Wurm“ begegnet. Dies ging aus einer brieflichen Mitteilung aus Neuwaldegg von Friedrich Graf von Schönborn hervor. Das dickleibige, forellenähnlich gefleckte Tier habe kurze Beine gehabt und sei in einen Steinhaufen gekrochen. Graf Dürckheim habe mit seinem Bergstock versucht, die Steine zu entfernen und die ihn begleitenden Jäger aufgefordert, dies ebenfalls zu tun. Doch die Jäger verweigerten diesen Wunsch und meinten, ein solches Tier blase den Angreifer an und man sterbe dadurch.

Gottfried Denemy, Beamter der Zementfabrik in Gartenau bei Salzburg, berichtete schriftlich, im Laufe der zehn Jahre, die er auf dem Land lebe, hätten ihm verschiedene Personen vom Bergstutzen (ein anderer Name für den Tatzelwurm) erzählt. Er konnte sich aber nur mit zwei Augenzeugen in Verbindung setzen. Einer davon war der Aushilfsjäger Michael Brandner, der in Bischofshofen wohne. Josef Freiherr von Doblhoff schickte Brandner einen Fragebogen, doch dieser sandte ein Schreiben mit ungenauen Angaben zurück. Nachfolgend sein Inhalt:

„Es wahr im Jahre 1867, Ende August, da wahr ich in Blimbach bei der Jagt, da wurde die sogenante Hauslaibe gedriben. Da habe ich einen Starken Hirsch aufgescheicht. Dieser Hirsch Sätzt gerade zwischen mier und den Jäger Bergmüller durch, dann Sagte ich zum Jäger, ob ich im nachbirschen sol, sonst Stäld er sich hinter uns. Der Jäger Sagt Ja ich Birsche den Hirsch nach und hab im auch öfters

aufgescheicht, als ich von den Ladschen hinaussteigen wollte, in einen Lichteren Platz da Sah ich etwas bewegen ungefer 12-16 Schritte vor mir, ich Bücke mich das ich durch die Ladschen hinaus sehe, da sah ich das Thier aufgebeimd, gerade so das die Vorderpratzen über den Albenrosen Stauden herauf schauen
Es war nur ein Momend das ich das Thier Sah, das Thier warf sich nach Vorwerz gegen mich, dann hab ich die Flucht ergriffen, und bin gelaufen was ich nur stark war über und unter Latschen über Stein und Geröll bis ich die Treiber Kette wieder erreicht habe, dann bin ich zum Jäger Rettenbacher gegangen und hab's ihm gesagt dann hat er mich gefragt wie das Thier ausgesehen hat, ich Sah das Thier in gebäumter Ställung nur ein Paar Sekunden, die Vorderpratzen Gleichen genau einen Salamander nur fileicht 20mal Vergrössert, der Kopf ist nich Breid sondern eine Lange gespitzte nach Aufwertz Beträte Schnauze, die Käle ist Gelblich und sonst habe ich nichts Sehen können, weil mir das Liebste war die Flucht, weil ich den Thier ganz Werlos gegenüber Stand.
Der Jäger Rettenbacher sagte das ist ein Bugstutzen er Sagte, ich hatte Glük, das ich so davon gekommen bin, dann hats der Jäger Rettenbacher den Jägern Bergmüller und den Alten Waldmann Gesagt, der Bergmüller Sagte das bestättigt das Abnorme Pfeifen was sie öfters Gehört haben, das keinen Murmelthier, auch nicht den Pfeifen eines Gämses Gleicht.
Etliche Jahre früher soll ein Jäger in Blimbach, ein Tieroller ein gleiches Thier erschossen haben auch in der Hauslalpe. Das Merkwirdige ist das ich in keiner Naturgeschichte noch ein Ähnliches Thier Angetrofen habe."
Josef Freiherr von Doblhoff berichtete 1895 auch, er habe von dem bayerischen Postillon Josef Grill mündlich erfahren, dieser habe vor 50 Jahren als Zwölfjähriger zusammen mit einem Altersgenossen einen Tatzelwurm gesehen. Zu der ungewöhnlichen Begegnung kam es beim Kühehüten auf einer Alm unterhalb des Sattels zwischen dem Großen und dem Kleinen Watzmann. Als sich um die Mittagszeit

die Kuhherde niedergelegt hatte, wollten die beiden Buben nach Murmeltieren Ausschau halten, was sie schon früher mehrfach getan hatten. Beim Herumsteigen im Geröll erblickten sie auf einem Stein ein in der Sonne liegendes unbekanntes Tier. Das fremdartige Geschöpf war fast so lang und so dick wie ein Männerarm. Es hatte eine rötliche Farbe und erschien im Sonnenlicht flimmernd so, als ob es mit lauter kleinen Sternen besät wäre. Füße waren nicht zu sehen. Nach Steinwürfen auf das Tier richtete sich dieses „pfeilgrad" auf. Dabei bemerkten die Buben einen dunkelgelben Bauch. Als die Buben die Flucht ergriffen, folgte ihnen das Tier in „zweiklafterlangen Sprüngen" (rund 3,75 Meter). Sie rannten quer den Abhang hinunter und konnten so das Tier abschütteln. Ein Jäger, dem die beiden Buben ihr Abenteuer erzählten, erklärte, das Tier sei ein Bergstutzen (auch Birgstutzen genannt) gewesen. Er warnte davor, ein solches Tier zu beleidigen.

Ein Mann namens Johann Scharfer in Uttendorf schrieb an Josef Freiherr von Doblhoff, er habe 1852 auf der Kammeralpe im Habachtal bei Hollersbach einen Tatzelwurm gesehen. Das Tier sei „circa anderthalb Fuss lang" und armdick gewesen. Der Kopf war groß und schlangenartig und glänzte weiß auf der Oberseite. Dagegen war der Rücken rot gescheckt, der Bauch und die Brust schwarz. Scharfer erkannte auch vorn zwei kurze Füßchen. Weil er gehört hatte, der Tatzelwurm sei das giftigste Tier, lief Schwarzer so schnell wie möglich davon.

Im Artikel „Altes und Neues vom Tazelwurm" von Josef Freiherr von Doblhoff wurde auch der Schulleiter Carl Reiter in Donnersbachwald aus der nördlichen Steiermark erwähnt, der folgendes schrieb: „Auch in Donnersbachwald kennt man den Bergstutzen. Der Volksmund behauptet, diese Tiere hätten eine braune Farbe, wären eidechsenartig mit einem Katzenkopfe. Eine Almhirtin (Sennin), die sogenannte „Alte Jagerpeter Kathl", erzählte, ihr seien beim Fleckschneiden oft Bergstutzen untergekommen. Sie sagte dann zu ihnen einfach: Geh weg! Dann verkroch sich das Tier, welches sich

Nach dem 2.563 Meter hohen Berg Schlern (links)
in den Südtiroler Dolomiten ist die Südtiroler Zeitschrift
„Der Schlern" bezeichnet.
Foto: SaKrifieD bei „Wikipedia" / CC-BY-SA3.0

nichts weniger als bösartig erwies. Wobei noch bemerkt sei, dass das Fleck ein Grünfutter ist, welches man schneidet, um es den Kühen während des Melken in die Krippe zu geben".
Nach dem Erscheinen des Artikels von Josef Freiherr von Doblhoff korrigierte Professor Willebald Löb aus Göttweig (Niederösterreich) einen Irrtum darin. Er schrieb, er werde in dem Aufsatz über den Tatzelwurm mit der Angabe erwähnt, in Niederösterreich heiße der Bergstutzen auch Krautnatter. Der Professor stellte klar, der Name laute nicht Krautnatter, sondern Kranlnatter oder auch Kranzelnatter. Dies sei die Natter mit dem goldenen Kranl oder Krönlein. Die Kranlnatter unterscheide sich vom Bergstutzen. Erstere habe die Gestalt einer Ringelnatter, sei harmlos, wenn sie nicht gereizt werde, und gelte als Schlangenkönigin. Letzterer sei kurz, dick und schwarz, überfalle sogar Menschen, habe kein Krönlein und gelte nicht als Schlangenkönig. Bergstutzen lauerten auf Gemsen, die auf steile Felsen vortreten, sprängen auf sie los, stießen sie hinab und fräßen sie. Auch Menschen würden von ihnen gestoßen und gefressen.
Bei mancher Tatzelwurm-Sichtung ist heute der genaue Zeitpunkt unbekannt. So soll ein Jäger aus der forellenreichen Einöde von Seehaus irgendwann im Juli einen Tatzelwurm erblickt haben, als er in der Gegend des Dorfes Urschlau bei Traunstein in Oberbayern wanderte. Das Tier schmiegte sich um einen Baumstamm und starrte ihn mit giftigen Augen an. Der Jäger verließ den lichten Wald, schaute sich dabei sorgsam um und erlegt bald danach einen Rehbock. Sein Jagdglück ermutigte ihn, wieder zu dem Tatzelwurm zurückzukehren und den Kampf mit ihm aufzunehmen. Doch das Tier war bereits verschwunden. Es sei „vierthalb Fuss lang, schwarz und eidechsenartig gewesen", in der Dicke ungefähr „wie ein Bierkrügel". Der Jäger glaubte, sechs Füße erkannt zu haben. Ansonsten sei von vier oder sogar nur zwei Füßen die Rede.
Eine reichhaltige Quelle über Sichtungen des Tatzelwurms ist „Der Schlern", eine Monatszeitschrift für Südtiroler Landeskunde. Thematischer Schwerpunkt dieser Publikation sind Wissenschaft und

Darstellung eines Tatzelwurms,
angefertigt von der Malerin Ada von der Planitz (1880–1936)
nach einem Augenzeugen-Bericht von 1894.
Veröffentlicht in Karl Meusburger „Etwas vom Tatzelwurm"
in der Südtiroler Zeitschrift „Der Schlern" von 1931

Forschung, Kunst und Kultur aus landesgeschichtlicher Sicht. Die Zeitschrift wurde nach dem 2.563 Meter hohen Berg Schlern in den Südtiroler Dolomiten bezeichnet.
Über die Begegnung eines 14-Jährigen im Jahre 1894 mit einem Tatzelwurm berichtete 1928 die Malerin Ada von der Planitz (1880–1936) aus Meran in „Der Schlern“. Über dieses Ereignis erzählte der junge Mann später, als er bereits erwachsen und für die Malerin als Arbeiter tätig war. Der Jugendliche arbeitete einst in Schloss Katzenstein bei Meran und war gegen halb acht Uhr morgens auf einem Acker beschäftigt. Plötzlich schrien in der Nähe arbeitete Mädchen laut auf. Als der Jugendliche zu den Mädchen rannte, erblickte er ein von der Morgenkälte noch ganz starr im taunassen Gras liegendes, scheußlich aussehendes Tier. Er rief einen Knecht herbei, der ihn wegschickte, damit er einen Steinhammer herbei holte. Mit dem Hammer erschlug der Knecht das ungefähr 60 bis 70 Zentimeter lange und armdicke Tier. Das seltsame Lebewesen trug einen Kopf, der nur wenig vom Hals abgesetzt war, aber keine Füße. Die Leute auf dem Acker gruben den Tierkadaver ein und sprachen von einem Haselwurm. Der Knecht, der das Untier erschlug, starb einige Jahre vor dem Erscheinen des Artikels in „Der Schlern“. Der ehemalige Jugendliche lebte als Hausbesitzer und Familienvater im Schallhof von Untermais bei Meran. Nach dem Augenzeugenbericht von 1894 fertigte die Malerin Ada von der Planitz eine Skizze des Tatzelwurms an.
Der belgische Zoologe Bernard Heuvelmans (1916–2001) schilderte 1955 in seiner Publikation „Sur la Piste des Bêtes Ignorées“ die Begegnung eines Berufsjägers mit einem Tatzelwurm im Jahre 1908 bei Murnau in der Steiermark, etwa 1.500 Meter über dem Meeresspiegel. Dieser Jäger besaß das volle Vertrauen des österreichischen Juristen, Schriftstellers und Hofrats Dr. Albert von Drasenovich (1868–1936). Der Berufsjäger erblickte einen ungewöhnlich großen Wurm von etwa 50 Zentimetern Länge und 8 Zentimetern Dicke mit vier kleinen Tatzen. Ansonsten wurden bei Tatzelwurm-Sichtungen

Belgischer Zoologe Bernard Heuvelmans (1916–2001), der „Vater der Kryptozoologie“. Zeichnung von Talitha Wittich

oft keine oder nur zwei Beine beobachtet. Weil dem Berufsjäger die Angriffslust des Tatzelwurms bekannt war, zog er sein Jagdmesser aus der Scheide, bevor er sich dem Wurm näherte. Tatsächlich sprang der Tatzelwurm plötzlich den Jäger an, der dem Tier einige Messerstiche zufügte. Die Messerklinge konnte allerdings die zähe Haut kaum durchdringen. Nach schätzungsweise einem Dutzend wütender Angriffe zog sich der verletzte Wurm in eine enge Felsspalte zurück. Dem Jäger gelang es nicht mehr, das Tier zu finden und aus seinem Versteck hervorzuholen. Der Bericht über diese abenteuerliche Begegnung wurde von Dr. Albert von Drasenovich basierend auf der Erzählung des ihm gut vertrauten Berufjägers verfasst.

Die Tatzelwurm-Lawine der 1930-er Jahre

Mit einem Bericht in der Zeitschrift „Der Schlern“ von 1928 brachte der Gymnasialprofessor Dr. Karl Meusburger die „Tatzelwurm-Lawine“ der 1930-er Jahre ins Rollen. Darin erwähnte er eine Sage, wonach ein fremder Mann „das ganze giftige Gewürm“ mit einem Schlag vernichten wollte. Er zündete ein großes Feuer an und begann mit seiner Beschwörung. Daraufhin kamen von allen Seiten haufenweise Schlangen herbei, stürzten sich in die Flammen und verbrannten. Plötzlich ertönte von den Bergen her ein gellender, unheimlicher Pfiff. Der Schlangenbeschwörer erschrak, weil er wusste, das ist die weiße Schlange, die er nicht ins Feuer zwingen könne. Dann ringelte sich der „weisse Wurm“ heran, umschlang den Beschwörer, stürzte sich mit ihm ins Feuer und beide verbrannten. Heute noch lebende Jäger und Hirten behaupteten fest und steif, eine solche „weisse Schlange“ gesehen zu haben. Sie sei kurz, aber dick gewesen und habe so ähnlich ausgesehen wie ein Wickelkind. Das sagenhafte Tier werde Haselwurm, Tazzelwurm, Stollenwurm oder Bergstutz genannt. Dieser Tazzelwurm scheine in den Alpen eine ähnliche Rolle zu spielen wie auf dem Meer die Seeschlange, schrieb Meusburger. Er forderte die Leser auf, diesbezügliche eigene Beobachtungen oder

ERINNERUNG

an den

hochwürdigen Herrn

Kons. Prof. Dr.

Karl Meusburger

Er war geboren zu Bruneck am 14. Sept. 1870 Nach Vollendung der Mittelschule am f. b. Knabenseminar machte er seine theologischen Studien zuerst in Innsbruck, dann in Brixen, wo er am 15. Jänner 1893 zum Priester geweiht wurde. Hierauf studierte er an der Universität Innsbruck Mathematik und Physik. Diese Fächer lehrte er von 1896—1924 am Augustiner Gymnasium in Brixen u. später am f. b. Vinzentinum. Seine Schüler waren nicht nur die Studenten, sondern auch die breiten Volksschichten, die seine gediegenen Vorträge gern anhörten und seine belehrendn Aufsätze in Zeitungen und Kalendern begierig lasen. Heiligmässig war sein Wandel als Priester. Bis zum letzten Lebensjahre versah er neben der Schule die seelsorgliche Arbeit eines Kooperators von Vintl. Er starb eines erbaulichen Todes nach Empfang der heil. Sterbsakramente am 7. Oktober 1940. — **R. I. P.**

Half mir auch das Fernrohr in den Himmel spähn,
Engel sind's, was ich als Sterne hab' gesehn.
Mond mit holdem Antlitz, lieb und rein und mild,
Du bist von Maria nur ein schwaches Bild.
Doch die Himmelssonne, die das Leben schafft,
Ist der Gottmensch Jesus, Stoff und Licht und Kraft.
Forscht ich an den Dingen, die auf Erden sind,
Mikroskop und Zeissglas liessen mich nur blind.
Tod, du grosser Räuber, hast mir nichts geraubt,
Hier durchschau ich alles, weil ich dort geglaubt.

Totenzettel für den katholischen Geistlichen und Naturforscher Gymnasialprofessor Dr. Karl Meusburger (1870–1940)

von glaubwürdigen Personen an die Schriftleitung von „Der Schlern“ einzusenden.
In dem erwähnten Bericht von 1928 aus der Feder von Professor Karl Meusburger in „Der Schlern“ wurde auch eine Tatzelwurm-Sichtung von Mitte Juli 1921 geschildert. Ein ihm vertrauenswürdig erscheinender Mann hatte dem Verfasser kürzlich von diesem Ereignis erzählt. Der Mann war in Begleitung eines Hirten auf die Sennerberg-Alpe im hintersten Ridnaunertal (Südtirol) gegangen. Ungefähr um zwei Uhr nachmittags wurden die beiden Männer auf davon laufende Schafe aufmerksam. In einer Geröllhalde (Steinlammern) erblickten sie einen armdicken, 60 bis 70 Zentimeter langen, schmutzig-weißen Wurm. Als sie näher kamen, richtete sich der Wurm in Kampfstellung auf, sah sie mit starrem Blick an und ließ einige Male einen langgezogenen Pfiff ertönen. Aus dem Maul streckte das Tier mehrfach eine schmale, dunkle, zweigespaltene Zunge heraus. Der Wurm war hinten dicker als vorn und hatte eine birnenförmige Gestalt. Füße waren nicht erkennbar. Weil sie außer ihrer Bergstöcken keine Waffen hatten, wagten sich die beiden Männer nicht näher als auf etwa 20 Schritte heran. Sie taten dies aber nicht lange und gingen weiter. Am Tag zuvor hatte ebenfalls ein Hirte jenen Tatzelwurm erblickt. Um 1890 hatten andere Leute in dieser Gegend erstmals ein merkwürdiges Tier gesehen, das sie Lindwurm nannten.
Über eine Tatzelwurm-Sichtung an einem heißen Julitag vor dem Ersten Weltkrieg (1914–1918) berichtete Professor Meusburger 1931 in „Der Schlern“. Beim Ausbessern einer schadhaften Wasserleitung oberhalb des Dorfes Tisens (Tesimo) in Südtirol nahe einer Steinhalde hörte Josef Pichler plötzlich etwas im nassen Laub rascheln. Dann kam ein „nicht sonderlich dicker Wurm“ von grauer Farbe zum Vorschein. Das Tier stützte sich auf seine Vorderbeine und legte den Schwanz über den Rücken, Dann öffnete und schloss es abwechselnd sein krötenähnliches Maul, wobei sein feuerroter Rachen sichtbar wurde. Weil Pichler dieses Lebewesen unheimlich erschien, ließ er seine Arbeit liegen und stehen und eilte davon.

Ebenfalls 1931 schilderte Professor Meusburger in „Der Schlern“ eine Begegnung des damals bereits verstorbenen Liesenwirts aus Uttendorf im Pinzgau (Land Salzburg). Demnach wurde der angesehene Wirt vor vielen Jahren auf der Pömbachalm in Felbertal von einem Tatzelwurm verfolgt. Der Liesenwirt entkam nur deswegen, weil er auf dem steilen Hang waagrecht lief. Tatzelwürmer konnten angeblich gut bergauf und bergab springen, aber beim Seitwärtslaufen auf steilen Berghängen rollten sie ab, weil sie hinten keine Füße als Stütze besaßen. Im Pinzgau soll ein Mädchen beim Heumachen einen Tatzelwurm aufgestöbert haben. Dieser habe das Mädchen angesprungen und getötet.

Um 1919 ging die 17-jährige Filomena Mair zum unweit vom Locherhof gelegenen, mit Weinreben bepflanzten Föbener Bühel (Südtirol). An einer Perglsäule erblickte sie ein ihr unbekanntes Tier und rannte erschrocken davon. Schließlich siegte doch ihre Neugier über ihre Furcht und sie kehrte zurück, um das merkwürdige Tier genauer zu betrachten. Nun bemerkte sie, dass das Tier kurz und dick war, einen katzenähnlichen Kopf trug und zwei Füße hatte.

Auf dem Föbener Bühel fiel Anton Botzner zu einem nicht genannten Zeitpunkt an einer durch Gebüsch teilweise verdeckten Feldmauer ein Haselwurm mit funkelnden Augen auf. Das sehr kurze, aber dicke Tier hatte zwei breite Tatzen. Seine rötliche Farbe könnte durch die vom roten Gestein der Trockenmauer reflektierten Sonnenstahlen bewirkt worden sein.

Ein Kalterer Wirt und ein Gefährte erblickten – laut Professor Meusburger – nahe der Eppaner Eislöcher (Südtirol) einen merkwürdigen, rund 30 Zentimeter langen „Beisswurm“, den man mit Daumen und Zeigefinger vielleicht noch umfassen hätte können. Wie ein Salamander war dieser grauschwarz und gelb gefleckt. Beim Anblick der beiden Männer erhob das Tier seinen Vorderkörper, streckte ihn waagrecht vor und nahm eine sprungbereite Kampfstellung ein. Die beiden Männer töteten das angriffslustige Tier durch Steinwürfe und Stockschläge und warfen den Kadaver in die Büsche.

Meusburger hält es für möglich, dass es sich nur um eine ungewöhnliche gefärbte Schlange handelte.
Um 1921 sah der damals 61 Jahre alte Johann Dirler dort, wo das Gelände vom Schloss Katzenzungen zwischen Bozen und Meran (Südtirol) gegen den Prissianer Bach ziemlich steil abfällt, in etwa vier Schritt Entfernung ein merkwürdiges Tier. Es lag ruhig auf einem Stein, war kurz und dick, hatte eine graue Farbe und zwei Füße und ähnelte einem riesigen Salamander. Merkwürdig erschien der starke, widrige Geruch, den das Tier verbreitete. Dirler hätte dieses Lebewesen leicht erschlagen können, tat dies aber nicht und entfernte sich bald.

Das Tatzelwurm-Foto von Meiringen

Hohe Wellen schlug im April 1935 die so genannte „Berliner Tatzelwurm-Affäre“. Sie begann damit, dass der als zuverlässig geltende Fotograf Paul Balkin der deutschen Wochenzeitschrift „Berliner Illustrirte Zeitung“ (ab 1941 „Berliner Illustrierte Zeitung“) ein Foto schickte, das angeblich erstmals einen lebenden Tatzelwurm zeigte. Die Aufnahme soll in der Gegend von Meiringen im Haslital im Berner Oberland in der Schweiz entstanden sein. Im Begleitbrief schrieb der etwa 30 Jahre alte Balkin, der bereits mehrfach für das Berliner Blatt gearbeitet hatte, folgendes:
„Am letzten Sonntag hielt ich mich in Meiringen auf. Das trübe Wetter zwang mich zur Untätigkeit, und ich machte einen planlosen Spaziergang in der Richtung von Innertkirchen. Halbwegs nach Innertkirchen ging ich vom Fußweg ab und erkletterte einen kleinen Berg, um mich in der Gegend umzuschauen. Auf einer kleinen Alm fiel mein Blick auf ein merkwürdiges Gebilde, das in einer Erdvertiefung lag und das ich zuerst für einen seltsam geformten Baumstamm hielt. Als ich auf etwa zehn Meter nahe gekommen war, begann ich zu zweifeln, ob dieses eigenartige Ding nun wirklich ein Holzstück oder ein Tier war, das ganz still dalag. Es sah so

Schloss Katzenzungen in Prissian
zwischen Bozen und Meran (Südtirol).
Foto: Emes bei „Wikipedia“ / CC-BY-SA3.0

außergewöhnlich aus, daß ich die Kamera, die ich in der Hand hatte, gegen das „Etwas“ richtete und abdrückte. Das Knacken des Verschlusses hatte eine überraschende Wirkung – der vermeintliche Baumstamm bewegte sich plötzlich und schaute mich mit sehr hellen, durchdringend blickenden, bösartigen Augen an. Das Tier machte Miene, auf mich loszugehen und stieß dabei zischend-pfeifende Laute aus. Der Anblick war so schrecklich, daß ich – obwohl ich durchaus nicht ängstlich bin – es vorzog, mich schleunigst im Laufschritt zu entfernen. Ich kam auf Glatteis, stolperte und fiel, und als ich mich beim Aufrichten nach dem Tier umsah, konnte ich noch sehen, wie es mal laufend, mal springend zu seinem Erdloch zurückeilte, das es zu meiner Verfolgung verlassen hatte. Das ganze Erlebnis war so unheimlich, das Aussehen und die Bewegungen des Tieres so abstoßend und bösartig, dass ich es allein und ohne Waffe nicht über mich brachte, zurückzugehen, und mich schnell auf den Heimweg machte. Das Tier ist etwa 80 cm lang und an der breitesten Stelle etwa 25 cm im Durchmesser. Der Form nach erinnert es an eine sehr kurze, dicke Schlange, hat aber Vorderfüße. Hinterfüße habe ich nicht gesehen, sie müssen fehlen oder sehr klein sein. Die Farbe ist braun mit hellen und dunklen Flecken. Der Körper ist beschuppt, doch sind die Schuppen nicht glänzend, sondern matt, auch glaube ich, einen schwachen Borstenwuchs gesehen zu haben. Auf dem Bild ist ungefähr ein Drittel des Tieres sichtbar. In der Bewegung ist es ziemlich schnell und kann laufen sowie springen. Furchterregend sind das Pfeifen und der Blick. Am Munde hat das Tier eine Reihe von Barten – es können auch Zähne sein. Der Schwanz ist kurz zulaufend. Unterwegs nach der Begegnung mit dem Tier fragte ich einen mir entgegenkommenden Bauer, was das für ein Tier sein könnte, doch konnte ich seine Antwort auf Schweizerdeutsch nicht gut verstehen, sah seinen verstörten Blick und hörte etwas von „Wurm“ heraus. In Meiringen angekommen, befragte ich den Hotelwirt. Er war der Meinung, daß ich vor einem Hasen oder Hund geflohen bin, doch sagte er mir, dass es in der Gegend ein sagenhaftes Tier gibt, das

Stollenwurm genannt wird. Weiteres konnte ich aus dem Mann nicht herausbekommen. Nachdem ich den Film entwickelt hatte, stellte ich fest, dass das Tier bestimmt kein Hund oder sonstiges altbekanntes Tier ist, und zeigte das Foto einem Zoologen. Er war der Meinung, dass das Tier der sogenannte Tatzelwurm oder Stollenwurm ist. Genaues könne er aber nur dann sagen, wenn man ihm das Tier lebendig oder tot bringe. Dann erst werde sich feststellen lassen, ob der Tatzelwurm ein völlig unbekanntes Tier oder nur eine unbekannte Abart einer bekannten Tierart ist."

Die „Berliner Illustrirte Zeitung" („BIZ") beauftragte den deutschen Journalisten, Schriftsteller und Jäger Hans Rudolf (1895–1963) zur Jagd auf den Tatzelwurm in der Gegend von Meiringen im Berner Oberland. Er solle noch am selben Abend nach Bern fahren, dort mit dem Fotografen Balkin Kontakt aufnehmen und dann eine Expedition zusammenstellen. Der Tatzelwurm solle gefangen und lebend nach Berlin zum Aquarium gebracht oder erlegt werden. Sein Begleiter bei der Fahrt sei der bekannte deutsche Zoologe „Dr. M.", der nach dem Fang des Tatzelwurms diesen wissenschaftlich beschreiben und klassifizieren solle. Der wissenschaftliche Beirat der Schriftleitung der „Berliner Illustrirte Zeitung" überreichte Rudolf „alles zugängliche Material" über den Tatzelwurm. Dabei handelte es sich vor allem um vier Hefte von „Der Schlern" aus den Jahren von 1931 bis 1934. Das Material über den Tatzelwurm war von dem Diplom-Ingenieur Hans Flucher und dem Gymnasialprofessor Dr. Karl Meusburger zusammengestellt worden.

Der in Köln geborene Journalist Hans Rudolf hieß eigentlich Hans Rudolf Berndorff. Er hatte es in der preußischen Armee bis zum Offizier gebracht, gehörte nach dem Ersten Weltkrieg kurzzeitig einem Freikorps an, arbeitete danach als Journalist und ab 1925 als Chefreporter für verschiedene Publikationen des „Ullstein Verlages". Während der Zeit des Nationalsozialismus war Berndorff, der seit 1933 einer SS-Standarte angehörte, als Autor wohlgelitten. Von 1933 bis 1940 veröffentlichte er unter seinem richtigen Namen Hans Rudolf

Berndorff sowie unter den Pseudonymen Hans Rudolf und Rudolf van Wehrt allein in der „Berliner Illustrirten Zeitung“ 19 Romane und Tatsachenberichte sowie zahlreiche Bücher. Nach dem Zweiten Weltkrieg setzte er seine Karriere bruchlos fort.
Als der Journalist Hans Rudolf, der Zoologe „Dr. M.“ und der Fotograf Paul Balkin den Platz besichtigen wollten, an dem das vermeintliche erste Foto eines Tatzelwurms entstanden war, lag in der Gegend von Meiringen eine Schneedecke von mehr als 80 Zentimetern. Am Tag zuvor war diese Gegend noch schneefrei gewesen. Bereits unmittelbar hinter Meiringen blieb der Kraftwagen, mit dem die dreiköpfige Expedition zum Schauplatz der Aufnahme fahren wollte, im Schnee stecken. Deswegen stiegen die Männer aus und gingen zu Fuß weiter bergauf. Nach einem rund einstündigen Fußmarsch bog das Trio von der Straße auf einen Pfad ab. Die Landschaft wurde plötzlich fahl und die Männer mussten kräftig steigen. An der Spitze ging der Fotograf, dahinter folgten der Zoologe und zuletzt der Journalist. Weil der Weg über verschneite Felsen und Geröll führte, fiel gelegentlich einer der drei Männer hin. Der ausgetretene Pfad war mit spiegelndem Glatteis bedeckt. Hinter den Männern nahte rasch eine gewaltige schwarze Wolkenwand und starker Wind blies von vorn entgegen. Schließlich kam man an die Stelle, wo der Fotograf das rätselhafte Tier fotografiert hatte. Es handelte sich um einen kahlen Platz, der im Hintergrund durch niedrige Bäume begrenzt wurde und auf dem einige Felsblöcke aus dem Schnee hervorragten. Dort konnte man „jetzt nichts und gar nichts mehr erkennen“, weil Schnee den Platz meterhoch bedeckte. Schweigend machten sich die Männer auf den Heimweg und kamen am Abend in Meiringen an.
Noch am selben Abend besuchten die drei Männer einen alteingesessenen Bürger in Meiringen und unterhielten sich mit ihm über den Tatzelwurm. Sie zeigten ihrem Gastgeber das von dem Fotografen Balkin angefertigte Foto. Aber ihr Gastgeber erklärte kopfschüttelnd, er habe noch nie ein solches Tier gesehen. Die Gäste berichteten, sie wollten am nächsten Morgen noch einmal die Gegend absuchen, in

Foto auf Seite 59:

Um 1902 ist diese Aufnahme von Meiringen im Haslital im Berner Oberland (Schweiz) entstanden.
Das Bild wurde in dem Buch „Album vom Berner Oberland" abgedruckt.

der das Foto entstanden war. Der Gastgeber versprach, er würde seinen Sohn als Anführer einer Schar von arbeitslosen Männern mitschicken.
Nach der Rückkehr ins Gasthaus zog sich der Journalist Hans Rudolf in sein Zimmer zurück. Während draußen schwarze Wolken über den dunklen Himmel jagten, der Wind heulte und das Gebälk des Hauses leise stöhnte, las Rudolf einige Hefte und Bücher über den Tatzelwurm. Irgendwann unterbrach er seine Lektüre, ging über den Flur zum Zimmer des Fotografen Balkin und klopfte an. Der Fotograf lag schlaflos auf dem Bett, sprang auf und zog den Journalisten ins Zimmer. Balkin quälten allerlei Gedanken und er war fast außer sich. Er klagte, entweder existierte das Tier, denn er habe es ja gesehen und fotografiert. Oder er habe eine Fälschung begangen und gehöre deswegen ins Gefängnis. Der Journalist sagte beruhigend zum Fotografen: „Überschlafen Sie's". Morgen werde man weitersehen. Danach vertiefte sich Hans Rudolf wieder in seine Tatzelwurm-Lektüre. Dabei kam er zu der Erkenntnis, wenn man alle Berichte zu-sammenstelle, ergebe sich, dass nicht von einem, sondern von zwei Tieren die Rede sei. „Tatzelwurm Nummer 1" sei ein schlankes, 40 bis 50 Zentimeter langes Tier mit einem katzenähnlichen Kopf und lasse zuweilen ein Pfeifen ertönen. Der Gastgeber jenes Abends in Meiringen vermutete, dabei handle es sich um einen Fischotter. Der im Berner Oberland selten vorkommende und fast unbekannte Fischotter wechsle gelegentlich die Wässerläufe, in denen er lebe. Dabei unternehme er kilometerweite Wanderungen auf dem Land und sehe dann aus wie eine kurze, dicke Schlange, die sich windend vorwärts bewege. Sein Kopf ähnle dem einer Katze, seine kurzen Vorderfüße wirkten wie krallenartige Gebilde. Wenn er sich bedroht fühle, zische und fauche er. In anderen Teilen der Schweiz erschrecke man nicht beim Anblick eines Fischotters, bekreuzige sich nicht, wenn man einem solchen Tier begegne und rede nicht vom Tatzelwurm.
Zu einem anderen Schluss gelangte der Schuldirektor i. R. und Herpetologe Jakob Nicolussi aus Bozen, nachdem er 65 Tatzelwurm-

Beschreibungen aus der Zeitschrift „Der Schlern“ miteinander verglichen hatte. Er glaubte, aus den Beschreibungen ginge hervor, der Tatzelwurm sei eine ungewöhnlich große Echse mit abstoßendem Äußeren. Meistens habe der Tatzelwurm eine Körperlänge von 40 bis 60 Zentimetern und einen Umfang wie ein menschlicher Oberarm. Im März 1933 schrieb Nicolussi in „Der Schlern“: „Der Tatzelwurm gemahnt mit dem plumpen Rumpf, dem breiten Kopf, dem stumpfen Schwanz und den kurzen Beinen an unseren Salamander; seine äussere Bekleidung erweist ihn aber trotzdem als Familienmitglied der Eidechsen. Seine Haut ist mit groben warzenartigen Schuppen bedeckt, die sich in ihrer engen Vereinigung oft als Krokodilschildern ähnliche Krusten darstellen. Das Maul ist breit, innen feuerrot, mit spitzen, scharfen Zähnen und mit einer zweispaltigen Zunge ausgestattet. Er gilt als giftig, und es sollen auch tödliche Folgen seines Bisses verzeichnet sein. Sein scharfer Blick und seine zornige, kampfeslustige Haltung erinnern an eine Kreuzotter.

Die ganze Erscheinung des Tiers in Körperbau, Bekleidung und Eigenschaften erinnert lebhaft an die Familie der giftigen Eidechsen, einzig in ihrer Art, welcher der Tatzelwurm angehören dürfte: Die Eidechsengattung wird genannt: Krustenechse, *Heloderma* (Brehms Tierleben, Kriechtiere, 2. Band, S. 120 ff. Zu dieser Gattung von Eidechsen gehören zwei gut bekannte Tiere: *Heloderma horridum*, das Escorpion der Mexikaner, und *Heloderma suspectum*, das Gilatier der Wüsten von Arizona, Nordamerika: ferner die wenige bekannte Echse *Lanthanotus borneensis* der Insel Borneo.“ Die Krustenechse erlebte vor etwa 40 bis 30 Millionen Jahren ihre Blütezeit. Heute existieren nur noch zwei Arten. Nämlich die Gila-Krustenechse *(Heloderma suspectum)* in Arizona und die Skorpion-Krustenechse *(Heloderma horridum)* in Mexiko.

Der ehemalige Schuldirektor Nicolussi gelangte nach dem Vergleich der Tatzelwurm-Berichte mit Brehms Schilderungen zu dem Schluss, die 65 Geschichten aus „Der Schlern“, die er untersucht hatte, könnten unmöglich alle aus der Luft und Phantasie genommen sein. Wenn

Krustenechse (Heloderma horridum),
Zeichnung in „Brehms Thierleben. Allgemeine Kunde des Thierreichs“,
Siebenter Band, Dritte Abtheilung: Kriechthiere, Lurche und Fische,
Erster Band: Kriechthiere und Lurche,
Leipzig 1883

man sie mit den Ergebnissen der Wissenschaft auf dem Gebiet der giftigen Eidechsen in Verbindung bringe, müsste man bekennen, dass der Tatzelwurm der Alpen und anderer Gebiete Europas wirklich lebe oder wenigstens noch vor einigen Jahren gelebt habe. Der Tatzelwurm sei eine Krustenechse, der man den Fachnamen *Heloderma europaeum* (Europäische Krustenechse) geben könne.
Die Bilder der Krustenechse aus „Brehms Tierleben" wurden in „Der Schlern" zusammen mit dem Artikel von Schuldirektor i. R. Nicolussi präsentiert. Der Journalist Rudolf legte die „Schlern"-Hefte weg und ging noch einmal zum Zimmer des Fotografen Balkin. Weil dieser inzwischen eingeschlafen war, weckte ihn Rudolf sanft. Balkin schreckte auf und fragte, was los sei. Daraufhin erklärte Rudolf, er halte es nicht für ausgeschlossen, dass Balkin vielleicht wirklich das Glück hatte, einen Tatzelwurm zu fotografieren. Der Fotograf bedankte sich gequält und gab dem Journalisten die Hand. Danach legte sich auch Rudolf schlafen.
Am nächsten Morgen erschienen in der Halle des Hotels sechs Männer aus Meiringen, die bei der Suche nach dem Tatzelwurm helfen wollten. Als ihnen der Journalist Hans Rudolf das Tatzelwurm-Foto von Paul Balkin zeigte, erklärten alle sechs Helfer, sie hätten noch nie ein solches Tier gesehen. Der Zoologe „Dr. M" erschien in einem weißen Mantel, damit ihn das gesuchte Tier im Schnee nicht gleich erkennen solle. Wo das vermeintliche Tatzelwurm-Foto entstanden war, lag an jenem Tag der Schnee an manchen Stellen mehr als einen Meter hoch. Unter diesen Bedingungen erschien die Suche nach dem Tatzelwurm aussichtslos und wurde bald abgeblasen. Der Journalist Rudolf überlegte, ob man in Meiringen warten sollte, bis der Schnee geschmolzen sei. Das konnte vielleicht drei Tage, aber auch einen Monat dauern.
Der Anführer der Männer aus Meiringen riet dazu, man solle auch in einer nahegelegenen Schlucht suchen, die unweit der weltberühmten Aareschlucht läge und das frühere Bett der Aare sei. Doch auch in dieser engen Schlucht mit hochragenden Felsen an beiden Seiten

entdeckte man keine Spur vom Tatzelwurm. Am Abend fuhren der Journalist, der Zoologe und der Fotograf nach Berlin zurück.
Drei Wochen später erfuhr der Journalist Hans Rudolf, die Umgebung von Meiringen im Berner Oberland sei nun schneefrei. Er fuhr noch einmal nach Meiringen und führte eine zweite Suche am Entstehungsort des Tatzelwurm-Fotos durch. Auch diesmal verlief die Expedition erfolglos.
Bei den Männern aus Meiringen, die an der ersten Suche nach dem Tatzelwurm teilgenommen hatten, war mittlerweile ein Mann erschienen, der eine wichtige Aussage machen wollte. Dabei handelte es sich um den Bauarbeiter Naegeli aus Aeppigen bei Innertkirchen. Er behauptete, 1934 nahe einer Brücke, die bei Aeppigen über die Aare führt, ein ihm gänzlich unbekanntes Tier erblickt zu haben. Es war ein Lebewesen mit breitem Kopf, plumpem Körper und kleinen Füßen. Seine Beschreibung stimmte völlig mit der Aufnahme des Fotografen Balkin überein, die er angeblich nicht kannte.
Auf Naegeli machte das Geschöpf den Eindruck, als würde es auf ihn zu kommen. Deswegen ergriff er die Flucht und war ganz bleich und verstört, als er zu Hause ankam. Der Ort, wo Naegeli dem Tatzelwurm begegnet sein soll, ist viereinhalb Kilometer von dem Platz entfernt, an welchem dem Fotografen Balkin sein Tatzelwurmfoto gelungen war.
Im Heft Nr. 16 der „Berliner Illustrirte Zeitung“ vom 17. April 1935 erschienen zwei Beiträge über den vermeintlichen Tatzelwurm aus dem Berner Oberland in der Schweiz. Auf Seite 551 las man in großer Schrift die Schlagzeile:„Rätselhafte Begegnung im Schweizer Hochgebirge: Der Tatzelwurm das geheimnisvolle Fabeltier der Alpenwelt zum ersten Mal fotografiert?“. Ein riesiges, 22,5 Zentimeter breites und 19 Zentimeter hohes Schwarzweißfoto zeigte die vordere Hälfte eines Tieres mit einem Maul wie ein Haifisch, spitzen, furchterregenden Zähnen, einer Nase ähnlich wie bei einem Affen und seitwärts tief im Kopf liegende, geschlitzte Augen. Der kurze Text unter der Schlagzeile und dem Foto lautete: „In dem Bericht,

der auf den folgenden Seiten abgedruckt ist, wird von dieser rätselhaften Aufnahme erzählt. Ein Fotograf schickte das Bild an die „Berliner Illustrirte Zeitung“ und berichtete, wie er zuerst ein merkwürdiges Stück Baumstamm zu erblicken glaubte, bis das Ding sich nach seiner Angabe als ein angriffslustiges Tier erwies, das er fotografieren konnte und das dann verschwand. Leute im Berner Oberland, wo die Aufnahme gemacht wurde, sprachen vom Tatzelwurm, der dort auch Stollenwurm heißt. Ist es also wirklich gelungen, dieses Tier, das trotz vieler Berichte aus älterer und jüngerer Zeit von vielen Menschen für ein Fabeltier gehalten wird, auf die fotografische Platte zu bringen?“ Der Beitrag schloss mit dem Satz: „Die Berliner Illustrirte Zeitung“ setzt eine hohe Belohnung aus für den, der den Tatzelwurm auffindet und einliefert.“ Die Höhe der Belohnung wurde nicht erwähnt. Es handelte sich um 1.000 Reichsmark.

Auf Seite 552 der „Berliner Illustrirte Zeitung“ stand eine ganzseitige Anzeige für das biologische Haartonikum „Trilysin“ mit der Überschrift „Weil dem König die Haare ausfielen .... wurde das Perückenmachen eine Industrie“. Nach dieser Anzeige folgte auf den Seiten 553 bis 558 ein mehrere Seiten umfassender und bebilderter Artikel mit der Schlagzeile „Razzia auf den Tatzelwurm“ von Hans Rudolf. Dazwischen lagen auf Seite 555 eine Anzeige für die Zigarette „Atikah“ ohne Mundstück für 6 Pfennig und auf Seite 557 eine Anzeige für die Zahnpasta „Chlorodont“. Der Artikel über „Die Razzia auf den Tatzelwurm“ in Heft 16 wurde mit vier Fotos und mit drei Zeichnungen garniert. Die vier Fotos stammten – laut Bildtext – von dem Fotografen Balkin. Ein Foto zeigte sieben Männer auf der verschneiten Alm, wo die Tatzelwurm-Aufnahme von Balkin zu einem ungenannten Zeitpunkt entstanden war. Auf einem anderen Foto sah man den „Aufstieg in die Aare-Schlucht, eng und schmal zwischen hochragenden Felsen, wie geschaffen zur Zufluchtsstätte eines geheimnisvollen „Wesens“. Unter dem dritten Foto stand die Bildunterschrift: „Die Schweizer Landschaft – Tal, Wälder und

Bild auf Seite 67:

*Seite 551 der „Berliner Illustrirte Zeitung“,
Heft 16, vom 17. April 1935 mit der Schlagzeile:
„Rätselhafte Begegnung im Schweizer Hochgebirge:
Der Tatzelwurm das geheimnisvolle Fabeltier der Alpenwelt
zum ersten Mal fotografiert?“
und dem angeblich ersten Fotos des Tatzelwurms*

561

Rätselhafte Begegnung im Schweizer Hochgebirge:

Aufnahme: Balkin

Nachdruck verboten

Der Tatzelwurm

das geheimnisvolle Fabeltier der Alpenwelt zum ersten Mal fotografiert?

In dem Bericht, der auf den folgenden Seiten abgedruckt ist, wird von dieser rätselhaften Aufnahme erzählt. Ein Fotograf schickte das Bild an die „Berliner Illustrirte Zeitung“ und berichtete, wie er zuerst ein merkwürdiges Stück Baumstamm zu erblicken glaubte, bis das Ding sich nach seiner Angabe als ein angriffslustiges Tier erwies, das er fotografieren konnte und das dann verschwand. Leute im Berner Oberland, wo die Aufnahme gemacht wurde, sprachen vom Tatzelwurm, der dort auch Stollenwurm heißt. Ist es also wirklich gelungen, dieses Tier, das trotz vieler Berichte aus älterer und aus jüngerer Zeit von vielen Menschen für ein Fabeltier gehalten wird, auf die fotografische Platte zu bringen?

Die „Berliner Illustrirte Zeitung“ setzt eine hohe Belohnung aus für den, der den Tatzelwurm auffindet und einliefert

Die Schweizer Landschaft — Tal, Wälder und schneebedeckte Berghänge —, in der das seltsame Tier dem Fotografen nach seinem Bericht vor die Linse kam.

Bild auf Seite 69:

Wen zeigt diese Aufnahme des Fotografen Paul Balkin auf Seite 558 der „Berliner Illustrirte Zeitung", Heft 16, vom 17. April 1935 mit dem Artikel „Razzia auf den Tatzelwurm": Den deutschen Journalisten, Schriftsteller und Jäger Hans Rudolf (1895–1963), eigentlich Hans Rudolf Berndorff, der damals 39 Jahre alt war, oder ein Mitglied der Suchmannschaft aus Meiringen?

schneebedeckte Berghänge –, in der das seltsame Tier dem Fotografen nach seinem Bericht vor die Linse kam“. Am linken Rand steht ein gutaussehender Mann, dessen Name nicht erwähnt wird. Vom Alter her könnte es vielleicht der damals 39-jährige deutsche Journalist Hans Rudolf gewesen sein. Oder war es ein Mitglied der Suchmannschaft aus Meiringen? Das vierte Foto zeigte „eine Höhle in der düsteren Aare-Schlucht“.

Der Artikel „Razzia auf den Tatzelwurm“ in Heft 16 der „Berliner Illustrirte Zeitung“ vom 17. April 1935 endete auf Seite 558 mit dem Hinweis „(Fortsetzung folgt)“. Die Fortsetzung erschien in Heft 17 auf den Seiten 601 bis 604. Darin berichtete der Journalist Hans Rudolf über frühere Augenzeugenberichte, Überlegungen über die wahre Natur des Tatzelwurms und Einzelheiten seiner Expeditionen in der Gegend von Meiringen.

Nach Ansicht von Rudolf konnten Augenzeugenberichte, die erst viele Jahre nach der wirklichen oder angeblichen Begegnung mit einem Tatzelwurm enstanden sind, nicht als vollwertig anerkannt werden. „Was im Jahre 1931 ein nunmehr 82jähriger Förster erzählt, der 1872 einen Tatzelwurm gesehen haben will, halte ich nicht für wirklich beweiskräftig“, erklärte er. Aber er sehe keinen Grund, warum man sich von vornherein weigern sollte, an den Tatzelwurm zu glauben, den drei Holzknechte in den Leoganger Steinbergen im Salzburgischen im Sommer 1927, der Lehrer Ritzberger im April 1929 und der Telegrafenamts-Direktors Eggenreiter aus Hallstatt Ende August 1929 begegnet seien. Die drei Holzknechte berichteten über ihre Tatzelwurmsichtung übereinstimmend dem Diplom-Ingenieur Hans Flucher: „Etwa 50 bis 60 Zentimeter lang und armdick, Kopf katzenartig, doch ohne sichtbare Ohren, mit kleinen feinen Zähnen, Hals nicht deutlich abgesetzt, ganz kurze Vorderbeine, der Körper geht in einen etwa 15 Zentimeter langen Schwanz aus. Unbehaart, nur am Kopf einige Borsten. Farbe gräulich. Die Haut so glatt wie die einer Eidechse. Hinterbeine wurden auch beim Wegspringen des Tiers nicht gesehen, scheinen nicht vorhanden zu sein. Angriffslustiges, furcht-

Bild auf Seite 71:

*Seite 553 der „Berliner Illustrirte Zeitung“,
Heft 16, vom 17. April 1935 mit der Schlagzeile:
„Razzia auf dem Tatzelwurm“ und dem Artikel
des Journalisten Hans Rudolf (1895–1963),
eigentlich Hans Rudolf Berndorff.
Das Foto von Paul Balkin zeigt die Suchmannschaft
am verschneiten Entstehungsort
des angeblich ersten Tatzelwurmfotos
bei Meiringen im Berner Oberland.*

1935 Nr. 16 553

Razzia auf den Tatzelwurm

Ein Bericht von Hans Rudolf

Hier wird über eine Tierfang-Expedition von recht ungewöhnlicher Art berichtet. Als die „Berliner Illustrirte Zeitung" aus dem Berner Oberland das Foto erhielt, das auf Seite 551 wiedergegeben ist, sagte die Schriftleitung sich: Der Fotograf, der diese Aufnahme gemacht hat, ist bisher stets als zuverlässig erschienen, aber was er hier fotografiert hat, sieht wie ein Fabeltier aus. Immerhin, solch ein Fabeltier wollen glaubwürdige Leute in den letzten Jahren wiederholt gesehen haben. Und so sandte die „Berliner Illustrirte Zeitung" den bewährten Mitarbeiter, der im folgenden berichtet, zusammen mit einem erfahrenen Zoologen auf die Suche.

Ein Geräusch hatte mich geweckt. Aus meiner Schlaftrunkenheit vermochte ich nur langsam zu klarem Bewußtsein zu kommen. Das fahle Morgenlicht drang ins Abteil. Der Herr vom unteren Bett hatte Lärm gemacht, indem er das Fenster zu öffnen versuchte. Ich sah ihn im Fensterausschnitt stehen, seine weißen Haare und sein Schlafanzug leuchteten. Empört rief ich ihn an:

„Nun, um Himmels willen, machen Sie zu!"

„Ich stehe auf", sagte der alte Herr freundlich, aber bestimmt.

„Warum stehen Sie denn mitten in der Nacht auf? Wir kommen doch erst um zehn Uhr an."

„Ich stehe immer um sechs Uhr auf. Ich muß dann meine Zentralheizung in Gang bringen und meine 250 Schlangen besorgen."

„Aber hier gibt's doch keine Schlangen. Legen Sie sich nur wieder ins Bett."

„Nein", sagte mein Reisegefährte mit Festigkeit, „ich stehe auf."

Es ist keine Kleinigkeit, mit einem alterfahrenen Gelehrten, einem Zoologen, im Schlafwagen von Berlin nach Bern zu fahren. Und es war keine Kleinigkeit, um derentwillen wir fuhren.

Gestern vormittag war ich dringend zur „Berliner Illustrirten Zeitung" gerufen worden. Man empfing mich mit den Worten:

„Lesen Sie diesen Brief, er kommt aus dem Berner Oberland. Der Briefschreiber ist ein Fotograf, der schon einige Male für uns gearbeitet hat, wir haben ihn bisher immer zuverlässig gefunden."

Der Brief des Fotografen lautete:

„Am letzten Sonnabend hielt ich mich in Meiringen auf. Das trübe Wetter zwang mich zur Untätigkeit, und ich machte einen planlosen Spaziergang in der Richtung von Innertkirchen.

Halbwegs nach Innertkirwen ging ich vom Fußweg ab und erkletterte einen kleinen Berg, um mich in der Gegend umzuschauen.

Auf einer kleinen Alm fiel mein Blick auf ein merkwürdiges Gebilde, das in einer Erdvertiefung lag und das ich zuerst für einen seltsam geformten Baumstamm hielt. Als ich auf etwa 10 Meter nahe gekommen war, begann ich zu zweifeln, ob dieses eigenartige Ding nun wirklich ein Holzstück oder ein Tier war, das ganz still dalag. Es sah so außergewöhnlich aus, daß ich die Kamera, die ich in der Hand hatte, gegen das „Etwas" richtete und abdrückte. Das Knacken des Verschlusses hatte eine überraschende Wirkung — der vermeintliche Baumstamm bewegte sich plötzlich und schaute mich mit sehr hellen, durchdringend blickenden, bösartigen Augen an. Das Tier machte Miene, auf mich loszugehen und stieß dabei zischend-pfeifende Laute aus. Der Anblick war so schrecklich, daß ich — obwohl ich durchaus nicht ängstlich bin — es vorzog, mich schleunigst im Laufschritt zu entfernen. Ich kam auf Glatteis, stolperte und fiel, und als ich mich beim Aufrichten nach dem Tier umsah, konnte ich noch sehen, wie es mal laufend, mal springend zu seinem Erdloch zurückeilte, das es zu meiner Verfolgung verlassen hatte.

Das ganze Erlebnis war so unheimlich, das Aussehen und die Bewegungen des Tieres so abstoßend und bösartig, daß ich es allein und ohne Waffe nicht über mich brachte, zurückzugehen, und mich schnell auf den Heimweg machte.

Das Tier ist etwa 80 cm lang und an der breitesten Stelle etwa 25 cm im Durchmesser. Der Form nach erinnert es an eine sehr dicke kurze Schlange, hat aber Vorderfüße. Hinterfüße habe ich nicht ge-

Auf dieser Alm ist nach dem Bericht des Fotografen die Aufnahme des rätselhaften Tiers gemacht worden. Aufnahme: Delkin

Bild auf Seite 73:

Seite 554 der „Berliner Illustrirte Zeitung", Heft 16, vom 17. April 1935 mit dem Artikel „Razzia auf den Tatzelwurm" des deutschen Journalisten Hans Rudolf. Unter diesem Foto von Paul Balkin ist zu lesen: „Aufstieg in die Aare-Schlucht, eng und schmal zwischen hochragenden Felsen, wie geschaffen zur Zufluchtsstätte eines geheimnisvollen Tieres".

554 Berliner Illustrirte Zeitung 1935 Nr. 16

sehen, sie müssen fehlen oder sehr klein sein. Die Farbe ist braun mit hellen und dunklen Flecken. Der Körper ist beschuppt, doch sind die Schuppen nicht glänzend, sondern matt, auch glaube ich, einen schwachen Borstenwuchs gesehen zu haben. Auf dem Bild ist ungefähr ein Drittel des Tieres sichtbar. In der Bewegung ist es ziemlich schnell und kann laufen sowie springen. Furchterregend sind das Pfeifen und der Blick. Am Munde hat das Tier eine Reihe von Barten — es können auch Zähne sein. Der Schwanz ist kurz und spitz zulaufend.

Unterwegs nach der Begegnung mit dem Tier fragte ich einen mir entgegenkommenden Bauer, was das für ein Tier sein könnte, doch konnte ich seine Antwort auf Schweizerdeutsch nicht gut verstehen, sah seinen verstörten Blick und hörte etwas von ‚Wurm' heraus. In Meiringen angekommen, befragte ich den Hotelwirt. Er war der Meinung, daß ich vor einem Hasen oder Hund geflohen bin, doch sagte er mir, daß es in der Gegend ein sagenhaftes Tier gibt, das Stollenwurm genannt wird. Weiteres konnte ich aus dem Manne nicht herausbekommen.

Nachdem ich den Film entwickelt hatte, stellte ich fest, daß das Tier bestimmt kein Hund oder sonstiges allbekanntes Tier ist, und zeigte das Foto einem Zoologen. Er war der Meinung, daß das Tier der sogenannte Tatzelwurm oder Stollenwurm ist. Genaues könne er aber nur dann sagen, wenn man ihm das Tier lebendig oder tot bringe. Dann erst werde sich auch feststellen lassen, ob der Tatzelwurm ein völlig unbekanntes Tier oder nur eine unbekannte Abart einer bekannten Tierart ist."

So schrieb der Fotograf, ich hatte es gelesen, und ich wußte nicht, was ich sagen sollte.

Man zeigte mir ein Foto: „Und was halten Sie hiervon?"

„Es ist ein schlechter Abzug", erwiderte ich.

„Macht nichts", erhielt ich zur Antwort. „Sie werden noch einen besseren Abzug erhalten. Die Hauptsache ist: hier ist, wenn die Sache stimmt, der Tatzelwurm fotografiert."

„Und was soll ich dabei tun?"

„Sie sind ein Jäger", sagte man freundlich, „Sie haben vielen Tieren und allerlei denkwürdigen Ereignissen nachgejagt. Sie werden jetzt auf den Tatzelwurm Jagd machen. Heute abend fahren Sie nach Bern, von dort aus begeben Sie sich zu dem Fotografen. Sie stellen eine Expedition zusammen, Sie suchen und finden den Tatzelwurm, Sie fangen ihn und bringen ihn lebendig nach Berlin ins Aquarium, oder Sie erlegen ihn. Und hier ist Herr Dr. M., ein bekannter Zoologe, der fährt mit Ihnen, und sobald Sie den Tatzelwurm gefangen haben, wird er ihn wissenschaftlich beschreiben und klassifizieren. Das alles natürlich unter der Voraussetzung, daß es den Tatzelwurm wirklich gibt. Wußten Sie schon bisher etwas über den Tatzelwurm?"

Ich gestand meine Unwissenheit ein und mußte mich bald überzeugen, daß der Tatzelwurm kaum weniger bekannt ist als die Seeschlange von Loch Neß, deren Rätsel immer noch ungelöst ist.

„Wir haben Ihnen hier", sagte der wissenschaftliche Beirat der Schriftleitung, „alles zugängliche Material über den Tatzelwurm verschafft. Hier sind vor allem aus den Jahren 1931/34 vier Hefte des ‚Schlern', das ist eine alpenländische Zeitschrift für Volkskunde, sie erscheint in Bozen. Sie werden hier alles finden, was über den Tatzelwurm berichtet worden ist. Und Sie werden sich davon überzeugen, daß der Ingenieur Hans Flucher wie auch Professor Dr. Meusburger, die alle diese Berichte zusammengestellt haben, aus Ueberzeugung für die wirkliche Existenz des Tatzelwurms eintreten. ‚Noch aber fehlt uns der direkte Beweis', fügt Hans Flucher hinzu. Und Dr. Meusberger erklärt zum Stand der Tatzelwurmfrage: ‚Der streng wissenschaftliche, besonnene Naturforscher wird der Sache, wenn auch nicht von vornherein ablehnend, so doch etwas skeptisch gegenüberstehen und warten, bis ein wirklicher Tatzelwurm einem wissenschaftlichen Institut zur genauen Untersuchung eingeliefert ist.' Freilich, und das will ich Ihnen nicht verschweigen, gibt es auch Wissenschaftler, die die angeblichen Begegnungen mit dem ‚Tatzelwurm' auf phantastisch ausgestaltete Begegnungen mit nur dem Beobachter nicht bekannten Tieren, die vielleicht außerdem noch irgendwie mißgestaltet waren, zurückführen wollen, mit Fischottern, mit Mardern, oder was sonst. So stand die Frage, bevor diese Fotografie uns vorlag. Dies Wesen hier auf dem Bild ist aber weder Marder, noch Fischotter, noch sonst ein irgendwie bekanntes Tier. Die weiteren Nachforschungen können nur an Ort und Stelle angestellt werden. Sie sehen also, was Sie zu tun haben: Sie werden der Wissenschaft, die zunächst durch unseren zoologischen Mitarbeiter hier vertreten ist, den Dienst leisten, in Meiringen der Sache nachzugehen, zu versuchen, das Zustandekommen der Aufnahme aufzuklären und, wenn möglich, den wirklichen Tatzelwurm einzuliefern. Sie schütteln den Kopf, Herr Doktor?"

Der Zoologe antwortete: „Der Tatzelwurm ist ein Fabeltier."

„Das Okapi war auch ein Fabeltier", erwiderte ich ihm, „bevor es gefunden wurde, und auch der Riesenwaran, den man jetzt im Berliner Aquarium sieht, war eines, und kein Gelehrter glaubte an ihn. Alle paar Jahre wird irgendein Fabeltier wirklich gefunden."

„Aber nicht in Europa", sagte der Zoologe kühl, „nicht in der Schweiz, sondern in Ländern, die nicht bereits von tausend Zoologen durchforscht, ja noch nicht einmal von tausend zivilisierten Menschen betreten sind."

„Ob wir den Tatzelwurm finden oder nicht", sagte ich, „jedenfalls müssen wir herausbringen, wie das Bild zustande gekommen ist!"

*

So kam es, daß ich um sechs Uhr morgens im Schlafwagenabteil geweckt wurde.

Als wir kurz vor Bern im Speisewagen frühstückten, versuchte ich ein günstiges Gespräch mit dem Zoologen anzuknüpfen, um Näheres über den Tatzelwurm zu erfahren.

„Zu welcher Gattung gehört eigentlich der Tatzelwurm?" fragte ich.

„Der Tatzelwurm", erwiderte er, „gehört zu der Gattung ‚Fabeltiere'. Das ist eine Gattung, die in der Wissenschaft der Zoologie nicht vorkommt, wohl aber im Volksglauben und daher auch in jener Wissenschaft, die Volkskunde heißt. Aber darüber dürfen Sie nicht mich befragen, ich verstehe mich nur auf Tiere, die es wirklich gibt."

„Und Sie bleiben dabei, daß es den Tatzelwurm nicht wirklich gibt? Der Fotograf, zu dem wir fahren, hat ihn ja nicht bloß gesehen, sondern auch fotografiert. Tiere, die man fotografieren kann, stammen nicht aus dem Fabelreich, denk' ich, sie müssen doch wohl leibhaftig auf der Erde herumlaufen."

Der Zoologe wurde ärgerlich: „In einem Lande wie der Schweiz hätte sich kein Tier von Zentimetergröße vor der zoologischen Forschung verstecken können, jede Flohart ist uns bekannt. Und jetzt soll es im Berner Oberland ein Tier geben, das fast ein Meter lang ist und das wir nicht kennen? Es gibt keinen Tatzelwurm, und wenn Sie ihn suchen, machen Sie sich zum Narren."

Höflich wendete ich ein: „Immerhin, Herr Doktor, haben Sie sich mit mir auf die Suche nach diesem Tier begeben. Wie konnten Sie, wenn Sie nicht daran glauben, seinetwillen Ihre Zentralheizung und 250 Schlangen lieblos im Stich lassen?"

Der Zoologe blieb hartnäckig: „Das fotografierte Wesen scheint mir so unorganisch und in keine lebende oder bekannte ausgestorbene Tierklasse passend, daß ich an seine Existenz nicht glauben kann. Aber es fesselt mich außerordentlich, herauszukriegen, was hinter der Sache steckt."

Man stelle sich meine Lage vor: diejenige eines Jägers, der beauftragt ist, ein Tier zu finden, das nach den bündigsten Erklärungen eines namhaften Vertreters der Wissenschaft nicht existiert! Stanley, als er den Auftrag erhielt, Livingstone zu suchen,

Aufstieg in die Aare-Schlucht, eng und schmal zwischen hochragenden Felsen, wie geschaffen zur Zufluchtsstätte eines geheimnisvollen Tieres.
Aufnahme: Balkin

Bild auf Seite 75:

*Seite 556 der „Berliner Illustrirte Zeitung“,
Heft 16, vom 17. April 1935 mit dem Artikel
„Razzia auf den Tatzelwurm“
des deutschen Journalisten Hans Rudolf.
Die Zeichnungen oben und in der Mitte zeigen
das Tatzelwurm-Marterl
von Unken (Salzburger Land) in Österreich.
Jene Marterl erinnern an den Bauern Hans Fuchs,
der 1779 beim Angriff von zwei „Springwürmern“,
wie man in dieser Gegend die Tatzelwürmer nannte,
sein Leben verloren haben soll.
Die Zeichnung unten zeigt den
„Tatzelwurm vom Dachstein“ (Österreich),
der in den 1830-er Jahren einen jungen Mann
angegriffen und gebissen haben soll.*

Das Tatzelwurm-Marterl von Unken.

Im Salzburger Land, beim Dorfe Unken in den Loferer Steinbergen, stand lange Jahre ein seltsames Marterl, das jetzt im Salzburger Museum für Naturkunde aufbewahrt wird. Nach der Inschrift wurde der Bauer Hans Fuchs im Jahre 1779 beim Beerensammeln von zwei „Springwürmern", wie man dort die Tatzelwürmer nennt, angegriffen. Er warf sich zu Boden und hielt sich Mund und Nase zu, um sich vor dem giftigen Hauch der Würmer zu schützen. Aber der Gifthauch erreichte ihn doch — das Kreuzlein zeigt an, daß der Bauer bereits tot ist.

war nicht so schlimm daran. Denn Livingstone existierte, da war kein Zweifel: Irgendwo im damals noch ganz dunklen Innern Afrikas hielt er sich auf. Es war keine Kleinigkeit, einen Mann ausfindig zu machen, der irgendwo in einem Umkreise von vielen tausend

In gähen Schrecken starb hier von Springwürmern verfolget Hans Fuchs aus Unken 1779

Das Tatzelwurm-Marterl von Unken ist mehrfach erneuert worden, da Regen und Schnee die Farben immer wieder verblassen ließen. Auf dieser letzten Wiederherstellung liegt der Bauer Hans Fuchs auf dem Rücken.

Quadratkilometer unbekannten Landes leben oder gestorben sein mußte. Aber wenn es den Tatzelwurm nicht gab, war er noch viel schwerer als Livingstone zu finden, dachte ich.

Der Fotograf, der dieses sagenhafte Tier fotografiert haben wollte,

Der Tatzelwurm vom Dachstein.

In der Gosau am Dachstein soll vor hundert Jahren dieser Tatzelwurm einen jungen Mann angegriffen und gebissen haben. Darstellung im Neuen Taschenbuch für Natur-, Forst- und Jagdfreunde auf das Jahr 1836.

Aufnahmen: Sammlung Mauritius (3)

erwartete uns in Bern. Er kam, nachdem man ihm unsere Ankunft mitgeteilt hatte, in die Halle des Hotels. Er stand vor uns in guter Haltung, ein schlanker Mann von dreißig Jahren mit blondem Haar. Er war sicher, er erwarb sich rasch meine Sympathie und die Antipathie des Zoologen. Wir setzten uns in tiefe Sessel, tranken Kaffee, und ich forderte den Fotografen auf, uns von seinem Abenteuer zu erzählen.

„Ich war von Berlin in die Schweiz gefahren", erzählte der Fotograf, „um ein paar hübsche Wintermotive, ein paar verschneite Ortschaften, Schweizer Manöver, Bob- und Skirennen und Aehnliches zu fotografieren. Eines Tages kam ich gegen Mittag auf der Suche nach irgendeinem besonders netten Motiv nach Meiringen. Dieser Ort, etwa sechshundert Meter hoch, ist von Interlaken aus mit der Bahn zu erreichen, die auf den Brünigpaß hinaufführt. Ich ging zunächst über die Landstraße, bog dann ziellos in einen Fußweg ein, der in der weiteren Umgebung des Ortes etwa drei Kilometer von Meiringen selbst entfernt auf einen Hügel hinaufführt. Es lag kein Schnee. Ich hatte den Apparat in der Hand, sah auf die Berge im Kreise herum und ging friedlich dahin. Ich kletterte ein wenig in die Höhe und kam schließlich an einen Hang. Hier blieb ich einen Augenblick stehen und sah mich um. Und da bemerkte ich in der Entfernung von einigen Metern das merkwürdige Etwas, das ich zuerst für einen Baumstumpf hielt und das dann, als ich es durch das Knipsen des Apparats auf mich aufmerksam gemacht hatte, gegen mich losfuhr. Sie können sich nicht vorstellen, meine Herren, wie unbeschreiblich abscheulich das Tier war und wie ich mich entsetzte."

„Und was taten Sie dann?" fragte ich.

„Dann bin ich nach Meiringen gegangen in das dem Bahnhof von Meiringen gegenüberliegende Hotel „Zum Bär", habe mich in die Gaststube gesetzt und einen großen Schnaps getrunken. Als mir da allmählich besser wurde, habe ich den Geschäftsführer des Hotels gefragt, was für seltsame Tiere in der Nähe des Dorfes Meiringen ihr Wesen treiben. Ich habe nicht geglaubt, daß es sich dabei um ein ganz besonderes, sonst unbekanntes Tier handeln könne. Ich nahm vielmehr an, daß derartige Tiere in derartigen Gegenden üblich seien und daß nur ich, der von Zoologie nichts, aber auch gar nichts verstehe, niemals davon gehört hatte. Ich beschrieb das Tier. Der Geschäftsführer des Hotels hörte mir erstaunt zu und sagte schließlich, nachdem ein paar Gäste, die in der Gaststube gesessen hatten, gegangen waren, ‚Sie sind vielleicht auf den Tatzelwurm gestoßen, bei uns wird er gewöhnlich Stollenwurm genannt'."

„So so", sagte der Zoologe, „und was taten Sie dann, Herr Fotograf?"

„Dann begab ich mich nach Bern und entwickelte den Film. Das Bild, das entstanden ist, kennen Sie. Ich habe inzwischen einen besseren Abzug hergestellt."

Er legte das Bild auf den Tisch. Der Zoologe sah es geraume Zeit an, dann streifte er mich mit seinen Blicken, heftete seine Augen auf den Fotografen und erklärte mit aller Bestimmtheit:

„Ein solches Tier gibt es nicht!"

Der Fotograf lehnte sich etwas erstaunt zurück, sah den Zoologen an und sagte:

„Herr Doktor, was wollen Sie damit sagen?"

„Nichts weiter", antwortete der Doktor, ohne seine Fassung zu verlieren, „als das eine, daß es dieses Tier, das Sie fotografiert haben, nicht gibt."

Als dem Fotografen die Zornesadern auf der Stirn anschwollen, überredete ich die beiden Herren, zum Abendessen zu gehen. Sie saßen sich friedlich gegenüber und reichten einander mit höflichen Worten das Brot, das Salz und den Pfeffer. In ihren Augen aber war wenig Freundschaft.

Der nächste Tag war ein Sonntag. Milde Frühlingssonne hüllte die Landschaft um den Thuner See in einen goldigen Schein, als wir hindurch fuhren. Die Kuppe der Jungfrau leuchtete in den zartesten Farben. Mein Gemüt war heiter. Der Fotograf saß dem Zoologen gegenüber. Wenn ich hinhörte, vernahm ich Gesprächsfetzen stets gleichbleibenden Inhalts.

Der Fotograf freundlich: „Er ist etwa ein Meter lang, vorn hat er Barteln, und seine Nasenlöcher sind auffallend groß."

Der Zoologe gereizt: „Ein solches Tier gibt es nicht!"

Der Fotograf: „Woher wissen Sie das? Ich räume Ihnen ein, daß Sie alle Tiere kennen, die bekannt sind. Dieses Tier aber, das ich fotografiert habe, kennen Sie nicht. Wie können Sie so unentwegt behaupten, ein solches Tier gibt es nicht?"

Der Zoologe milde: „Weil es ein solches Tier nicht geben kann!"

Der Fotograf wütend: „Weil, so schließt er messerscharf, nicht sein kann, was nicht sein darf — um mit Christian Morgenstern zu reden."

Ich verwickelte die beiden in ein Gespräch über die Schönheit der Natur. Wenn mir nichts mehr einfiel, stritten sie weiter.

Mittags kamen wir in Meiringen an. Das Hotel „Zum Bär" nahm uns auf. Der Zoologe begab sich, selbständig handelnd, auf irgendeine Art von Erkundung. Der Fotograf tat dasselbe. Sie waren beide tatendurstig und ein wenig erregt. Ich legte mich für eine Stunde ins Bett.

Es ist ein bei vielen Menschen verbreiteter Irrtum, daß die Dinge dann besonders gut geraten, wenn man sie mit Hast und Erregung beginnt. Das Gegenteil ist richtig! Man lege sich zunächst einmal schlafen! Der Schlaf stärkt das Gemüt des Mannes, der vor großen Taten steht, er mindert die bösen und fördert die guten Instinkte — er ist in allem und jedem dienlich.

Als ich wieder zum Vorschein kam, hatten die beiden ihre Handlung auf eigene Faust schon beendet, und wir machten uns jetzt gemeinsam auf, um den Platz zu besichtigen, an dem der Fotograf das Tier fotografiert hatte. Aber da stand sofort eine große Schwierigkeit vor uns auf: An dem Tage, an dem die Aufnahme gemacht worden war, war die Landschaft um Meiringen vom Schnee frei gewesen, jetzt aber lag eine Schneedecke über der Erde von der ansehnlichen Höhe von ungefähr achtzig Zentimeter und stellenweise noch mehr.

Bild auf Seite 77:

Seite 558 der „Berliner Illustrirte Zeitung“,
Heft 16, vom 17. April 1935 mit dem Artikel
„Razzia auf den Tatzelwurm“
des deutschen Journalisten Hans Rudolf.
Die beiden Aufnahmen stammen von dem Fotografen
Paul Balkin. Unter dem oberen Foto ist zu lesen:
„Die Schweizer Landschaft – Tal, Wälder
und schneebedeckte Berghänge –,
in denen das seltsame Tier dem Fotografen
nach seinem Bericht vor die Linse kam.“
Unter dem unteren Foto heißt es;
„Eine Höhle in der düsteren Aare-Schlucht“.
Die Seite 558 endete mit dem Hinweis: „(Fortsetzung folgt)“.
Weiter ging es dann in Heft 17 vom 25. April 1935.

Künstlerische Darstellung eines Tatzelwurms,
Zeichnung: Antje Püpke, Berlin, www.fixebilder.de

erregendes Aussehen, besonders der Blick. Fauchend-pfeifende Laute wie von einer böse gemachten Katze." Selbst bei strengster Sichtung, stellte Rudolf fest, „bleibt reichlich ein Dutzend glaubhafter Berichte über den Tatzelwurm aus der neuesten Zeit übrig. Immer kam danach das Tier in der Almregion vor, meistens in der Nähe von Felsenklüften."
Mitte der 1930-er Jahre hatte die wöchentlich einmal im Großformat 28 mal 38 Zentimeter erscheinende, je Heft meistens 44 Seiten umfassende „Berliner Illustrirte Zeitung" eine Auflage von etwa 1,2 Millionen Exemplaren. Deswegen erfuhren im April 1935 Abertausende von Lesern/innen im deutschsprachigen Gebiet von der abenteuerlichen Begegnung mit einem vermeintlichen Tatzelwurm im Berner Oberland.

Reaktionen auf die Tatzelwurm-Sensationsartikel

Gazetten in der Schweiz reagierten teilweise mit Hohn und Spott auf die Tatzelwurm-Sensationsartikel im April 1935 im fernen Berlin. Manche eidgenössischen Blätter versorgten ihre Leser/innen aber auch mit interessanten Einzelheiten und humorvollen Karikaturen. Mit Karikaturen des Tatzelwurms tat sich vor allem die Satire-Zeitschrift „Der Nebelspalter" hervor. Diese 1875 gegründete Zeitschrift gilt seit der Einstellung des englischen „Punch" (1841–2002) als das älteste Satiremagazin der Welt.
Von einem Künstler namens Seiler wurde eine farbige Zeichnung der Suche nach dem Tatzelwurm für „Der Nebelspalter" geschaffen. Während der Tatzelwurm seinen Kopf mit offenem Maul aus einer Berghöhle streckte, wollten ihm Menschen mit Filmkamera, Fotoapparat, Netz und Armbrust, im Taucheranzug, in Ritterrüstung mit Gewehr, mit Feuerwehrschlauch, als Bergsteiger, zu Pferd mit Lasso, als Torero mit rotem Tuch und Degen und sogar im Panzer zu Leibe rücken. Einem Fotografen, der den Tatzelwurm offenbar als Erster erblickte, fiel der Hut vom Kopf und der Fotoapparat aus der rechten

Bild auf Seite 81:

Karikatur „Wo steckt der Tatzelwurm?" des Künstlers „Brandi" in der ehemaligen Zeitschrift „Zürcher Illustrierte", die 1941 eingestellt wurde. Im Bildtext hieß es: „Tausend Mark hat unsere große, kluge und weitverbreitete Kollegin, die „Berliner Illustrirte", in ihrer Nummer vom 17. (ja nicht vom 1. April!) für den ausgesetzt, der den Tatzelwurm lebendig oder tot zur Stelle schafft. – Dieses Tier, der alte Sagenwurm, der Berner Oberland-Drache, ist nämlich dem Herrn Reporter Balkin des großen Blattes leibhaftig erschienen, er hat's geknipst und ist dann getürmt. Das Porträt des bösen Wurms kann jeder eben in der Nummer, die nicht vom 1. April stammt, mit eigenen Augen sehen. Fünf Seiten lang kann er von dem Vieh lesen und allem Drum und Dran. Ein Zoologe und andere gescheite Leute liegen im Haslital auf der Lauer, bald kommen mehr dazu mit Liegestühlen und anderem Sommerferiengeräten. Die Tatzelwurm-Saison steht vor der Tür. Das Ungeheuer von Loch Ness ist tot. Es lebe der neu aufgetatzelte Stollenwurm von Innertkirchen."

520

Wo steckt der Tatzelwurm?

Bildbericht aus dem Haslital, wo unser Zeichner unter lauter Tatzelwurmsuchern seine unruhigen Osterfeiertage verbrachte.

Tausend Mark hat unsere große, kluge und weitverbreitete Kollegin, die «Berliner Jllustrirte», in ihrer Nummer vom 17. (ja nicht vom 1. April!) für den ausgesetzt, der den Tatzelwurm lebendig oder tot zur Stelle schafft. – Dieses Tier, der alte Sagenwurm, der Berner Oberland-Drache, ist nämlich dem Herrn Reporter Balkin des großen Blattes leibhaftig erschienen, er hat's geknipst und ist dann getürmt. Das Porträt des bösen Wurms kann jeder eben in der Nummer, die nicht vom 1. April stammt, mit eigenen Augen sehen. Fünf Seiten lang kann er von dem Vieh lesen und allem Drum und Dran. Ein Zoologe und andere gescheite Leute liegen im Haslital auf der Lauer, bald kommen mehr dazu mit Liegestühlen und andern Sommerferiengeräten. Die Tatzelwurm-Saison steht vor der Tür. Das Ungeheuer von Loch Neß ist tot. Es lebe der neu aufgetatzelte Stollenwurm von Innertkirchen.

Zeichnungen von Brandt

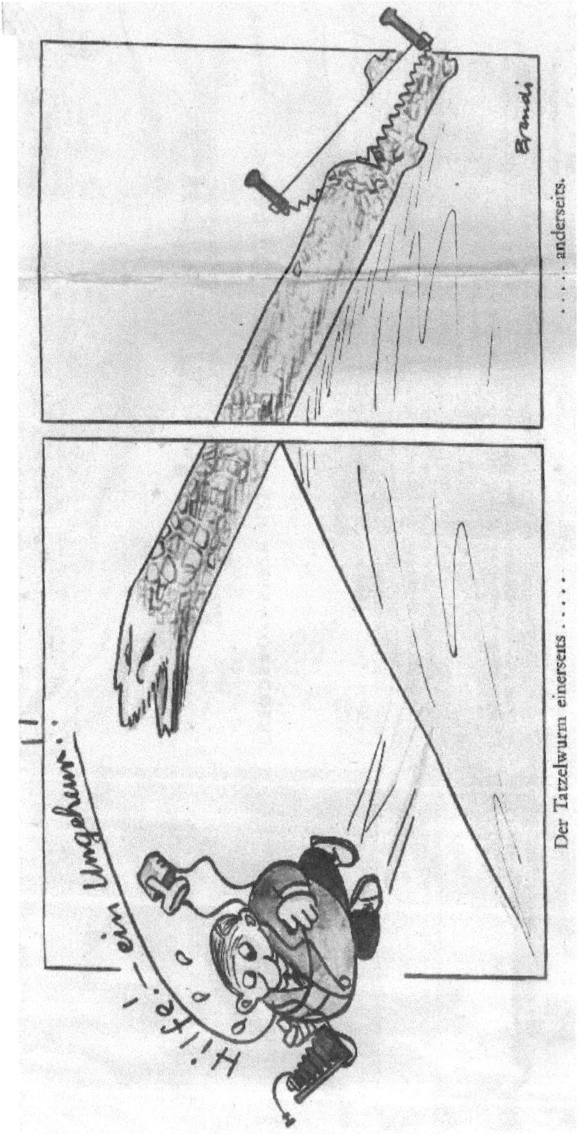

Karikatur „Der Tatzelwurm einerseits ... ... anderseits " des Künstlers „Brandi" in der ehemaligen Zeitschrift „Zürcher Illustrierte", die 1941 eingestellt wurde

Hand. Ein bärtiger älterer Mann dagegen schaute nicht in die Gegend, sondern in ein Buch. Ein Kuh im Tal war der ganze Rummel egal.
Auch ein Bilderwitz in Schweizer Mundart befasste sich 1935 mit dem Tatzelwurm. Ein Mann fragte: „... Und wie geht's immer, Herr Hinderhueber?". Die Antwort lautete: „Schlächt, i han immer no kei Stell!" Daraufhin riet der Fragesteller: „Gönd doch nach Meiringe, und lönd Eu als Tatzelwurm angaschiere, um d'Leit z'verschrecke!"
Die „Zürcher Illustrierte" erfreute 1935 ihre Leserschaft mit dem Bildbericht „Wo steckt der Tatzelwurm?" aus dem Haslital, wo ihr Zeichner „unter lauter Tatzelwurmsuchern seine unruhigen Ostertage verbrachte". Der Zeichner „Brandi" stellte ein Horde von Tatzelwurmsuchern dar, die sich anscheinend ziemlich dämlich anstellten. Zwei Männer umringten eine Kuh, hielten diese für einen Tatzelwurm und freuten sich bereits über 1.000 Reichsmark Belohnung. Ein dicker Mann umklammerte ein Baumstammstück und jubelte: „Ick ha ihn". Manche verkannten das Rauschen eines Wasserfalles als Zischen des Tatzelwurms. Fünf Leute lagen sternförmig um ein kleines, wurmartiges Tier und meinten, das sei ein junger Tatzelwurm, da könne der alte Wurm nicht weit sein. Andere werkelten mit Pickel, Spaten, Wünschelrute, neuartiger Gas-Leucht-Photo-Tatzelwurm-Pistole oder ließen sich vom Berg abseilen. Am rechten Bildrand schwebte ein Ballon mit der Aufschrift „Berliner Illustrirte Zeitung", dessen drei Insassen mit ihren langen Fernrohren nach unten blickten.
Eine zweiteilige Zeichnung erheiterte 1935 in der „Zürcher Illustrierte" mit dem Titel „Der Tatzelwurm einerseits ... ... andererseits" die Betrachter. In der linken Hälfte flüchtete ein Fotograf vor einem bedrohlich aussehenden Tatzelwurm mit bezahntem Maul und rief „Hilfe! – ein Ungeheuer!!". Dagegen sah man in der rechten Hälfte, dass das Untier mit einer Holzsäge geschaffen worden war.
Die Berner Zeitung „Der Bund" überraschte am 18. April 1935 ihre Leser/innen mit dem Artikel „Der Stollenwurm in Haslital. Die Berliner suchen ihn". Darin erfuhr man überraschenderweise, ein deutscher Pressefotograf habe sich bereits am 27. Februar 1935 bei

der Redaktion von „Der Bund“ gemeldet und erklärt, er habe zwischen Meiringen und Innertkirchen ein sonderbares Tier gesehen, das er zuerst als ein Stück Holz betrachtete. Da sich das Tier regte, habe er es fotografiert. Diese Aufnahme war aber noch nicht entwickelt. Der Beschreibung des Fotografen zufolge, hätte es sich um ein kriechendes Wesen mit Schuppen gehandelt. Da ihn das Tier zu bedrohen schien, habe er die Flucht ergriffen. Zufällig fand am gleichen Abend in der bernischen Vereinigung für Volkskunde ein Vortrag des schweizerischen Alpinisten und Schriftstellers Dr. Heinrich Dübi (1842–1942) über „Drachen und Stollenwürmer“ statt. Hierzu lud der Präsident der Vereinigung, Redakteur Gian Bundi (1872–1936), den Fotografen ein, damit er seine Beobachtungen erzählen und – wenn möglich – ein Bild vorweisen könne. Der Pressefotograf kam aber nicht und erklärte später, er habe sich nicht getraut, einzutreten. Dafür erschien später in großer Aufmachung in der „Berliner Illustrirten Zeitung“ ein „grässliches Bild vom Vorderteil eines drachenhäuptigen Tieres“. Die Zeitung „Der Bund“ erwähnte auch, die „Nationalzeitung“ habe den Tazzelwurm bereits als Ente signalisiert.
Im Meiringer Lokalblatt „Der Oberhasler“ erschien am 18. April 1935 ein Artikel von „H. P.“ mit dem etwas unpassenden Titel „Das Wunder von Loch Ness in Meiringen“? Denn das schottische Ungeheuer „Nessie“ wurde in einem Bergsee gesichtet und meistens als überlebender Saurier gedeutet. Der Tatzelwurm dagegen lebte angeblich auf dem Festland in den Alpen und deren Vorland.
In „Der Oberhasler“ las man: „Es wäre tatsächlich ein großes Verdienst dieses Wunderfotografen und der „Berliner Illustrirten Zeitung“, wenn dieses neue „Weltwunder“ dem Hasli auch nur einen Bruchteil von dem Reklameerfolg des Loch-Neß-Wunders bewirken könnte“.
Am selben Tag meldete „Der Oberhasler“ auch, Meiringer Jäger hätten berichtet, vor ca. 20 Jahren sei am Brünigsberg ein ähnliches Tier wie der Tatzelwurm erschlagen worden. Andere Einwohner erzählten folgendes: Als der Steinbruch der „Elektrowerke Reichenbach“ beim Unterbalmiweg noch nicht abgetragen wurde, habe eine kleine

„Glunte“ existiert, in der es von Schlangen und anderem Ungeziefer nur so wimmelte. Eines Tages erblickten Spaziergänger ein ihnen unbekanntes Tier, das sich auf einem Stein sonnte, der aus dem Wasser ragte. Die Leute töteten das Tier mit gezielten Steinwürfen. Der Kadaver soll fürchterlich gestunken haben. Außerdem verschwanden die Schlangen und das übrige Ungeziefer. Das unbekannte Tier soll große Ähnlichkeit mit dem Tatzelwurm gehabt haben.
Ein ausführlicher Bericht mit der Überschrift „Die Geschichte vom Stollenwurm und der Berliner Illustrierten“ erschien am 18. April 1935 in der schweizerischen Zeitung „Oberländisches Volksblatt“. Unter anderem hieß es darin: „Was soll man dazu sagen? Vor allem das eine. Die „Berliner Illustrirte“ macht da einen erfolgsichern Propagandafeldzug, und zum anderen: Wir gönnen der Meiringer Hotellerie und den zur Stollenwurm-Expedition aufgebotenen Burschen den Verdienst in verkehrsarmer Zeit von Herzen. – Unsere dritte Bemerkung ist die Vermutung, dass ein Photograph einen köstlichen Aprilscherz geleistet hat und einige Berliner Herren darauf reingefallen sind. Immerhin, wer tausend Mark verdienen will, mache sich auf die Jagd. Ein fünfhundert Jahre altes Rätsel harrt der Lösung. Avanti! Ganz Berlin spricht heute plötzlich von nichts anderem als vom „Tatzelwurm“, einem Tierwunder, das in der Reichshauptstadt plötzlich eine ebenso große Sensation erregt wie seinerzeit in London das Seengeheuer von Lochneß. Ein Photograph ist in der Schweiz diesem geheimnisvollen Fabeltier der Alpenwelt durch Zufall begegnet und er hatte, oh Wunder, gerade seinen Apparat zur Hand, um den schleichenden Dämon schnell knipsen zu können!“

Offener Brief von „Nessie“ an den Tatzelwurm

Besonders witzig reagierte die schweizerische „Nationalzeitung“ am 21. April 1935 auf die Tatzelwurm-Artikel in Berlin. Sie druckte einen angeblich am 18. April 1935 vom „Loch Neß-Ungeheuer“ verfassten Offenen Brief an den Tatzelwurm im Berner Oberland ab. „Sehr

Seeungeheuer „Nessie" im schottischen Bergsee Loch Ness.
Zeichnung von Talitha Wittich
für das Taschenbuch „Nessie. Das Monsterbuch (2013)
des Wiesbadener Wissenschaftsautors Ernst Probst

geehrter Herr Kollega!“ schrieb „Nessie“ und fügte hinzu: „Soeben lese ich die ersten Meldungen über Ihre Entdeckung durch einen deutschen Photoreporter in der schottischen Presse. Ich muß ehrlich gestehen, daß mich diese Meldungen keineswegs überrascht haben, denn schon letztes Jahr vernahm ich aus einem Bericht im „Berner Oberland“, dass man Ihre Spuren im Grimselsee entdeckt und sogar ihren hochwohlgeborenen Schwanz habe wedeln sehen. Gestatten Sie mir zunächst, Ihnen mein aufrichtiges Beileid zu dieser für Sie gewiß sehr unerfreulichen Publizität auszusprechen. Ich weiß aus eigener Erfahrung, was es heißt, wenn man aus 10.000-jähriger Beschaulichkeit plötzlich die Linsen sensationshungriger Photoreporter auf sich gerichtet sieht, indes spitze Bleistifte einige Notizen kritzeln, die sofort in Druckerschwärze umgesetzt werden.“ In diesem Stil ging es munter weiter: „Wir sind 10.000 Jahre länger im Land als sie und wissen, was sich gehört. Wir verbitten uns Presseinterviews, Photos und wissenschaftliche Expeditionen. Daß ich nicht lache ... wissenschaftliche Expeditionen. Was verstehen diese aufgeblasenen Nichtse überhaupt von einer echten Seeschlange, einem zünftigen Stollenwurm, einem hochehrbaren Drachen? Nichts und weniger als das. Fressen sollte man diese Bande, fressen mitsamt ihren Flotten, Kanonen, Flugzeugen und Spitzeln. Aber was kann man da schon machen? Früher, ja da spie man sie einfach an und hin waren sie.“
Mit Humor reagierte 1935 auch die „Schweizer Illustrierte Zeitung“ auf den Tatzelwurm im Berner Oberland. „Weil das undankbare Vieh sich einheimischen Photographen prinzipiell nicht zu Aufnahmen stellt“, gab dieses Blatt zeichnerisch wieder, „was die Mär vom Tatzelwurm im Basler und im Zürcher Zoo für eine Wirkung auslöste“. Ein Dichter namens Jacoby reimte „Ein neuer Lindwurm ward entdeckt, Das hat die Tiere aufgeschreckt. Die Affen schrieen wie besessen: Wir werden hier noch aufgefressen.“ Besonnener reagierte in dem Gedicht der kluge Elefant: „Glaubet mir, Solch Ungeheuer gibt es nicht“. Und der schlaue Bär brummte, man solle den Lindwurm doch einfach nicht aufnehmen. Die ganzseitige Zeichnung und das

Offener Brief an den Tatzelwurm im Berner Oberland

Loch Neß, 18. April 1935.

Sehr geehrter Herr Kollega!

Soeben lese ich die ersten Meldungen über Ih-
Entdeckung durch einen deutschen Photoreporter
der schottischen Presse. Ich muß ehrlich gestehen, d
mich diese Meldungen keineswegs überrascht hab
denn schon letztes Jahr vernahm ich aus einem B.
richt im „Berner Oberland", daß man Ihre Spuren
im Grimselsee entdeckt und sogar Ihren hochwohlgeborenen Schwanz habe wedeln sehen.

Ausschnitt aus dem Offenen Brief von „Nessie"
an den Tatzelwurm im Berner Oberland
in der schweizerischen „Nationalzeitung" am 21. April 1935

Gedicht wurden unter der Überschrift „So ein Geschrei um einen Tatzelwurm“ präsentiert.
In der Meiringer Zeitung „Der Oberhasler“ folgte am 23. April 1935 der Artikel „Vom Tatzelwurm ...“ von einem Autor namens „Lux“. Darin ging es um die Sichtung eines „dickleibigen Wurms“, über die ein vor einigen Jahren verstorbener angesehener höherer Beamter erzählt hatte. Dieser Mann hatte als 15-Jähriger im Herbst nahe Unterstock einige Ziegen gehütet. Als er auf einem Mäuerchen saß und sein Abendessen verzehrte, entdeckte er in ungefähr zehn Metern Entfernung ein merkwürdiges Geschöpf, das sich aus einem Steinhaufen herausarbeitete. Der „dickleibige Wurm“ war braungelb mit dunklen runden Flecken und verfügte über zwei kurze Stumpenbeine. Der Betrachter deutete das Lebewesen als Stollenwurm, was einer der vielen Namen für den Tatzelwurm ist. Als sich die „schrecklichen Augen“ des Wurms auf ihn richteten, waren die Glieder des 15-Jährigen plötzlich wie gelähmt und er konnte nicht mehr aufstehen. Es kam erst wieder Leben in ihn, als ein von seinen Ziegen losgelöster großer Stein herunterpolterte. Dann ergriff der Jugendliche die Flucht. Zusammen mit einem mit Stöcken bewaffneten Kameraden kehrte er zum Schauplatz der Sichtung zurück. Doch der Wurm und das restliche Abendessen des 15-Jährigen waren verschwunden.
Eine Haslibürgerin aus Innertkirchen erzählte am 23. April 1935 in „Der Oberhasler“ über eine Begegnung ihres Vaters mit einem Stollenwurm. Wie jedes Jahr hatte der Vater Haselstauden im Felsriegel Kirchet gesucht. Bei einer Rast auf einem Mäuerchen kroch plötzlich ein dicker Wurm mit fürchterlich dreinblickenden Augen, großem und gestumptem Maul sowie spitzigen Zähnen auf ihn zu. Als das Untier zudem pfiff, entfloh der Vater entsetzt nach Hause. Dort lobte man ihn für seine rasche Flucht. Wenn er geblieben wäre, wären wegen des pfeifenden Lockrufes viele solcher Tiere herbei gekommen. Das Untier, das er erblickt habe, sei ein Stollenwurm.
Ein anderer Autor namens „S.“ steuerte in „Der Oberhasler“ vom 23. April 1935 eine Jux-Meldung aus Innertkirchen über ein „schreckli-

Aareschlucht bei Meiringen im Berner Oberland in der Schweiz.
Foto: Zairon bei „Wikipedia“ / CC-BY-SA4.0

ches Vorkommnis“ bei. Nichtsahnend habe eine lustige Gesellschaft letzte Woche die Aareschlucht besucht, die „trockene Lamm“ erstiegen und vorgehabt, über den Kirchet hinab nach Meiringen zu gelangen. Wo der Steg aufhörte, befand sich direkt über der Aare ein ausgewaschener Kessel. Plötzlich sei das muntere Geplauder von einem furchtbaren Schrei zerrissen worden. Als alle aufschreckten, habe aus dem Kessel heraus teuflisch der Tatzelwurm gegrinst. Aus seinem Maul habe eine halbe „Berliner Illustrierte“ herausgeragt. Der ganze Boden sei mit „Berliner Illustrierten“ bedeckt gewesen, von denen sich das Ungeheuer offenbar ausschließlich ernährte. Beherzte Teilnehmer der Gesellschaft hätten Steine und Knüttel auf den Tatzelwurm im Kessel geworfen. Doch dieser habe nur eine Art satanisches Gelächter ausgestoßen. Als ein Felsblock dem Wurm auf den Schädel gekracht sei, sei dieser die glatte Felswand empor gelaufen, als ob es ein ebener Rasen wäre. Die Gesellschaft sei an der senkrechten Wand geflüchtet. Das offenbar kurzsichtige und blindwütige Ungeheuer sei fortwährend gegen Steine gerannt und habe keinen der Flüchtenden erwischt. Später sah man, wie der Tatzelwurm in Richtung Meiringen zur Ruine Nesti rannte.
Ebenfalls am 23. April 1935 erschien der Artikel „Das Berner Oberland und sein Tatzelwurm“ in dem renommierten Blatt „Neue Zürcher Zeitung“. Der Verfasser namens „A. P.“ schrieb: „Die ersten Gerüchte vom Auftreten des Tatzel- oder Stollenwurms im Oberhasli tauchten schon anfangs Mai des vergangenen Jahres auf. Man sprach von einem prähistorischen Ungeheuer, das sich in der Umgebung des neuen Grimselsees aufhalten solle. Den Gerüchten wurde keinerlei Glauben geschenkt; man vermutete dahinter die Cleverneß eines geschicken Fremdenverkehrsinteressenten; das Beispiel vom Loch Neß-Ungeheuer war ja zweifellos ermutigend. Die Sache schlief aber wieder ein. Von Tatzel- oder Stollenwürmern wußte man zwar aus alten Chroniken und Sagen, und zahlreiche vermeintliche Abbildungen dieser giftspeienden Drachen wissen von einem Untier mit einem breiten, flachgedrückten Kopf, einem breiten, mit scharfen

*Grimselsee im Berner Oberland (Schweiz)
westlich des Grimselpasses.
Foto: Ximonic, Simo Räsänen bei „Wikipedia" / CC-BY-SA3.0*

Zähnen oder Barten bewehrten Maul, einem kurzen gedrungenen, auf zwei Füßen ruhenden Leib, der schlangenartig auslief, zu melden". Bei „Erkundigungen an zuständiger Stelle" erfuhr die „Neue Zürcher Zeitung", bei dem Tatzelwurm-Fotografen handle es sich um einen Russen namens Balkin. Dieser habe schon im letzten Jahr beim Publizitätsbüro der Bundesbahnen wegen Erteilung einer Freikarte ins Berner Oberland zur Erstellung von Landschaftsaufnahmen vorgesprochen. Später habe er behauptet, „die erste Aufnahme eines lebenden Drachen gemacht haben". Dem Berner Oberland sei die neueste Attraktion zu gönnen, urteilte die „Neue Zürcher Zeitung", aber die Aareschlucht sei auch ohne Tatzelwurm äußerst sehenswert.
Mit neuen Fakten und Vermutungen wartete die Zeitung „Ostschweiz" am 1. Mai 1935 auf. Im Feuilleton dieses Blattes schrieb der Verfasser „A. R." des Artikels „Der Tatzelwurm": „Die Berliner Illustrierte scheint ... ihren Lesern ein sehr kurzes Gedächtnis zuzutrauen. Der gleiche Artikel ist meines Ermessens in etwas weniger aktueller, mehr reflektierender Form bereits im Jahre 1924 oder 1925 entweder im gleichen oder in einem anderen deutschen Blatte erschienen. Auch die Clischées kommen mir bekannt vor. Die Photographie des „Tatzelwurms ist, man sollte es nicht glauben, echt. Es ist nur, so viel ich weiß, die stark vergrößerte Aufnahme des Kopfes eines Kleinlebewesens, wenn ich mich nicht irre, des „Silberfischchens", jenes kleinen nützlichen Schmarotzers, der unseren Hausfrauen zur Genüge bekannt ist."
Auch die Aufnahme der Männer im Schnee in der „Berliner Illustrirte Zeitung" kam „A. R." bekannt vor. Man könne leicht sehen, dass dies keine Schweizer seien. Die Landschaft sehe ebenfalls wenig schweizerisch aus. „A. R." vermutete, die Stelle zu kennen und spottete: „Ich glaube, es ist eine Partie im Grunewald bei Onkel Toms Hütte, und die Aufnahme glaube ich gesehen zu haben, als dort die Sprungschanze für Skifahrer angelegt wurde. Für die Anlage der Sprungschanze wird Schnee geschippt!" „A. R." erinnerte sich an die Sache deswegen so genau, weil er bald nach dem Erscheinen des

Foto der Suchexpedition im Schnee bei Meiringen im Berner Oberland am 17. April 1935 in „Berliner Illustrirte Zeitung“

damaligen Artikels im Jahre 1925 und dann wieder 1929 dem Tatzelwurm nachgespürt habe. Allerdings nicht, um einen einzufangen, sondern um den wirklichen Grundlagen der Sage nachzugehen. Er sei damals durch das Tal von Lofer und die Loferer Steinberge gestrichen und habe auch auf der Grimsel dem Fabeltier nachgespürt. Nach seiner Ansicht sei der Mann, für den das Marterl gesetzt wurde, „infolge allzuheftigen Saufens am Herzschlag gestorben", nachdem er sich im Delirium von zwei Tatzelwürmern bedroht gesehen habe. Auch dem anderen Gewährsmann, der sich für das Vorkommen von schwarzen und weißen Tatzelwürmern ausspreche, dürfte es nicht anders ergangen sein. Als historische Grundlage der Sage vom Tatzelwurm stellte „A. R." fest, überall, wo die Sage auftrete, fände man fossile Reste von Sauriern.
Weil nach den Veröffentlichungen in der deutschen Zeitschrift „Berliner Illustrirte Zeitung" die Diskussionen über den sagenhaften Tatzelwurm oder Stollenwurm in der Schweiz nicht mehr zur Ruhe kamen, schickte die „Zofinger Zeitung" ihren Reporter Peter Valentin nach Meiringen. Nach der nächtlichen Ankunft in Meiringen trugen sich Valentin und sein Begleiter humorvoll ins Hotelbuch ein. Als Reiseziel nannten sie Stollenwurm, als Beruf gaben sie Tatzelwurm-Forscher an. Außerdem bestellten sie „Tatzelwurm-Koteletten nach Berliner Art". „Das ist eine merkwürdige Sache mit dieser Photographie" sagte die Wirtin plötzlich zu ihren Gästen und lenkte damit das Gespräch auf den Tatzelwurm. Auf die Antwort, es gäbe doch auch Meiringer und Haslitaler, die das rätselhafte Tier schon gesehen haben wollten, meinte die Wirtin: „Freilich, freilich, einer behauptet sogar, er habe den Wurm erschlagen. Das Tier habe dann fürchterlich gestunken. Die Bevölkerung hätte diese Geschichte nicht halb so ernst genommen. Denn wenn es darauf ankam, zur Sache zu stehen, dann sei keiner mehr da gewesen, der es bezeugen konnte: „Der Hans will es vom Peter erfahren haben und das Kätheli von der Urgroßmutter. Man weiß hier oben nicht, was wahr ist daran und was nicht."

Am nächsten Tag suchten Peter Valentin und sein Begleiter jene Stelle auf, wo die Tatzelwurm-Aufnahme des Fotografen Paul Balkin entstanden sein sollte. Valentin schrieb hierüber am 8. Mai 1935 in der „Zofinger Zeitung“: „Unser erster Besuch galt dem „Tatort“. Auf dem Wege zur Aareschlucht, hinter dem „Du Pont“, führt ein schmaler Pfad rechts hinauf zum Talriegel, der Meiringen von Innertkirchen trennt. Die Gegend ist sehr bizarr, die bewaldeten Hänge sind dicht übersät von Felsblöcken, so recht geeignet, die Phantasie eines „Drachentöters“ zur höchsten Entfaltung zu bringen. ... Da und dort begegneten wir verborgenen Höhleneingängen und seltsamen Steingebilden, die man aus der Ferne für sonderbare Lebewesen halten könnte. Vom Tatzelwurm aber war keine Spur zu sehen ...“. Vorsorglicherweise hatte Valentin etwas Zucker und Brot mitgenommen. Aber weder dieser Köder noch die gelegentlichen Rufe „Tatzi, Tatzi, chum, chum“ lockten den „scheußlichen Molch“ aus seinem Versteck hervor.

Nach der Rückkehr unterhielt sich der Reporter Peter Valentin in Meiringen mit dem Gerichtsschreiber und Festspielintendant „Sch.“ über die Möglichkeit der Existenz des Tatzelwurms. „Sch.“ erklärte sinngemäß: „Das Wunder von Loch Neß hat sich in der Folge als grober Irrtum herausgestellt. Wir Meiringer haben daher kein Interesse daran, ein ähnliches Verkehrslockmittel zu unterstützen, denn leicht könnte der Verdacht aufkommen, dass der Tatzelwurm von Schnitzern hergestellt worden sei, um ein Heer von Gwundrigen ins Haslital zu locken. ... Hier hat man es mit einer Angelegenheit zu tun, die mit einem zweischneidigen Schwert verglichen werden kann. Existiert das Tier, dann bekommen es viele Gäste mit der Angst zu tun. Existiert es nicht, sind wir alle einer Täuschung zum Opfer gefallen, dann kreidet man uns die Teilnahme an den Nachforschungen als Bluff zur Förderung des Fremdenverkehrs an ...“

Nach der Unterhaltung führte Gerichtsschreiber und Festspielintendant „Sch.“ den Reporter Valentin zum Haus eines bekannten Jägers, im dem das „Verhör“ des Fotografen Balkin in Anwesenheit

eines Zoologieprofessors stattgefunden hatte. Alle Diskussionsteilnehmer hatten den Eindruck, der Fotograf habe nicht gelogen. Mehr als einmal sei Balkin die Enge getrieben worden. Aber alle Einwendungen scheiterten an der Tatsache, dass Balkin einen Film vorweisen konnte, der keiner Retouche unterzogen war. Den Film hätten die schweizerischen Bundesbahnen zusammen mit Landschaftsaufnahmen in Empfang genommen und entwickelt.
Den Reporter Valentin beschäftigte die Frage, zu welcher Jahreszeit der Fotograf Balkin dem Tatzelwurm begegnet sei. Das Tier auf dem Foto liege im Gras, also müsse Balkin im Spätherbst in Meiringen eingetroffen sein. Warum habe er so lange gewartet, bis er seine Entdeckung bekannt gab? Und warum sei er ausgerechnet im Winter auf die Suche nach dem Lebewesen gegangen? Er habe wissen müssen, dass hoher Schnee den Boden bedecke und die Auffindung irgend eines Höhleneingangs schlechterdings unmöglich gewesen sei.
Valentin verwies in seinem langen Artikel „Was ist mit dem Tatzelwurm“ auch darauf, dass die Haslitaler den Begriff „Wurm“ mit der Erscheinung einer Schlange verbinden. Man kenne Nattern, die eine ansehnliche Länge erreichen und in Höhen bis zu 2.000 Metern über dem Meer leben. Diese Tiere seien giftlos, aber sehr angriffslustig und nach dem Volksglauben sogar mit kleinen Füßen (Stollen) ausgestattet. Es sei nicht von der Hand zu weisen, dass Haslitaler gelegentlich einem ausgewachsenen Natternexemplar begegnet seien. Man stelle sich vor, welches Entsetzen die Nachricht auslöste, wenn sie berichteten, dass das Tier eine Länge von einem Meter erreichte. Es sei möglich, dass die Phantasie aus der „langen Natter“ einen „armdicken Wurm“ machte.
Auf die Wurmjagd machte sich auch die schweizerische Monatszeitschrift „Föhn“. Die Redaktion richtete an den „Verkehrsverein Meiringen und Umgebung“ wegen des Tatzelwurmfotos in der „Berliner Illustrierten Zeitung“ eine Anfrage und erhielt am 26. April 1935 folgende Antwort vom Präsidenten Eugen Liesegang-Perrot und vom Sekretär Ad. Kaufmann: „Heute können wir Ihnen mitteilen,

Von Tatzel- und anderem Gewürm

Als die «Berliner Illustrierte» durch den beinahe gelungenen Fang des Tatzelwurms von sich reden machte, ist auch der Föhn auf die Wurmjagd ausgezogen. Nicht ohne Erfolg, wie wir unten sehen werden. Der Verkehrsverein Meiringen schreibt uns am 26. April auf unsere Anfrage, was an der Sache sei, folgenden Brief:

«Heute können wir Ihnen mitteilen, dass sich die Darstellung in der B. I. deckt mit dem, was hier im Laufe des Winters bekannt wurde, dass nämlich eines Tages ein Tourist im Hotel Bär auftauchte mit der Behauptung, er habe auf dem sogenannten Bännenberg ein Rencontre mit einem rätselhaften Tier gehabt, dass er einige Zeit nachher mit einem Vertreter der B. I. und einem Zoologen neuerdings erschien (und später, wenn wir nicht irren, noch ein drittes Mal), dass er Mannschaft aufbot und entlöhnte, um ihm suchen zu helfen, dass aber nichts dabei

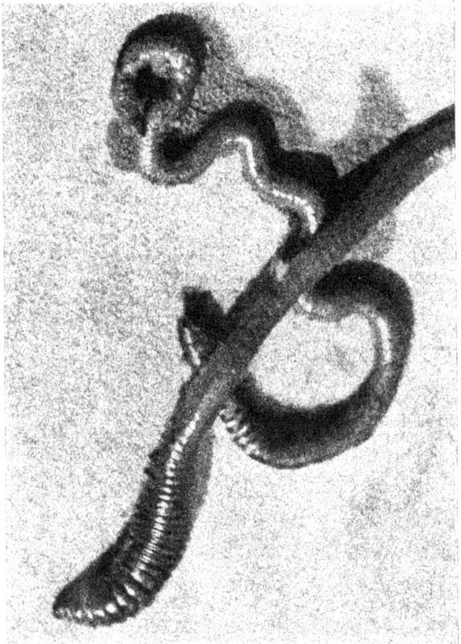

Vermis Pluvius (Lumbricus terrestris)

Artikel „Von Tatzel- und anderem Gewürm“ in der schweizerischen Monatszeitschrift „Föhn“ (1935–1939)

dass sich die Darstellung in der „B. I." deckt mit dem, was hier im Laufe des Winters bekannt wurde, dass nämlich eines Tages ein Tourist im Hotel Bär auftauchte mit der Behauptung, er habe auf dem sogenannten Bännenberg ein Rencontre mit einem rätselhaften Tier gehabt, dass er einige Zeit nachher mit einem Vertreter der B. I. und einem Zoologen neuerdings erschien (und später, wenn wir nicht irren, noch ein drittes Mal), dass er Mannschaft aufbot und entlöhnte, um ihm suchen zu helfen, dass aber nichts dabei herausschaute. Die Angelegenheit fand hier wenig Beachtung: am Wirtstisch hörte man hie und da darüber witzeln. Da erschien vor acht Tagen die erste Tatzelwurmnummer der B. I. und nun wurde darüber, wie überall viel geredet und geschrieben."
Weiterhin hieß es in dem Artikel des „Föhn" mit der Überschrift „Von Tatzel- und anderem Gewürm": „Was von der Sache zu halten ist, wie es sich besonders mit der behaupteten Begegnung zwischen Photograph und Ungetüm verhält, können wir nicht beurteilen. Tatsache ist, dass je und je von Zeit zu Zeit Leute so ein Tier wollten gesehen haben. Es leben auch noch Leute, die so etwas behaupten. Noch dieser Tage erzählte ein älterer Bergführer, dass er vor 37 Jahren an einsamer Stelle einen toten Wurm gefunden („Wurm" bedeutet im Hasli-Idiom: Schlange) und betrachtet habe. Es hätte einen breiten Kopf und einen ziemlich dicken Leib mit zwei ganz kurzen Füssen am Vorderleib gehabt. Ein Gadmer will noch vor einem Jahr einen solchen erschlagen haben.
Die Bilder in der B. I. stellen wirklich Aufnahmen aus dem Gelände abseits der Aareschlucht und der aufgebotenen Mannschaft dar. Ob der Photograph guten Glauben verdient, wissen wir nicht. Uns ist er unbekannt. Feststellen müssen wir allerdings des entschiedensten, dass bei der ganzen Angelegenheit weder die Verwaltung der Aareschlucht noch Kreise aus der Hotellerie oder des Verkehrsvereins die Hand im Spiel gehabt haben, wie das in den letzten Tagen etwa angedeutet worden ist. Weder die schöne Aareschlucht noch die Talschaft Hasli haben eine so zweifelhafte Reklame nötig. Aber auch

das vermögen wir nicht einzusehen, dass es der B. I. darum zu tun gewesen sei, die Deutschen vom Besuch der Schweiz abzuschrecken. So weit unsere objektiven Darlegungen."
Vom Kurdirektor des Berner Oberlandes, Dr. Andrea Pozzy de Besta (1894–1956) aus Interlaken, erhielt die schweizerische Zeitschrift „Föhn" eine erfreuliche Nachricht: Welches die Motive (der B. I.) auch seien, so viel steht heute schon fest, dass diese Tatzelwurm-Aktion dem Berner Oberland nicht nur nichts geschadet hat, sondern vielmehr eine höchst willkommene Propaganda war. Vermutlich hat aber auch die „Berliner Illustrierte" hierbei einen guten Schnitt gemacht", spekulierte der Autor.
Die renommierte „Neue Zürcher Zeitung" druckte am 5. Juni 1935 eine Stellungnahme des österreichischen Zoologen Joseph Meixner (1889–1946) aus Graz über das vermeintlich erste Tatzelwurm-Foto ab. Dieser Experte dachte angesichts des Lichtbildes des mutmaßlichen Tatzelwurms an einen verspäteten Aprilscherz. Gegen das Vorkommen eines unbekannten Tieres vom Format des Tatzelwurms in den Alpen sprachen nach Ansicht von Meixner viele Gründe. Das Tier lebe nicht in abgelegenen, kaum begangenen Gebieten, da sich die Hälfte der Fälle in Umgebung menschlicher Siedlungen abspiele. Es führe weder eine rein nächtliche, noch eine dauernd verborgene, unterirdische Lebensweise etwa nach Art der Blindwühlen oder der Nacktmulle der Tropen. Im Gegenteil, der Tatzelwurm sonne sich anscheinend gern an trockenen Plätzen, ausserdem sei eine dauernde subterrane Lebensweise weder mit seinem Bau, noch mit der Dürftigkeit und der Nahrungsarmut des Almbodens vereinbar. Die meist hervorgehobene Angriffslust und die stets wachsende Zahl der Tatzelwurmfälle zeige, dass es sich nicht um ein sehr seltenes, im Aussterben begriffenes Tier handeln könne. Von einer einzigen Angabe über Krallenabdrücke abgesehen, fehlten jegliche Spuren von Fährten und Losung, die sonst auch von Winterschläfern bekannt sind und die bei der Grösse und dem ihr entsprechenden Gewicht des Tatzelwurmes gefunden hätten werden müssen. Jegliche Kenntnis über rezente oder

fossile Skelettreste fehlten. Alle derartigen Funde seien Irrtümer. Die Erforschung der Alpen durch Touristen und Natur-wissenschaftler sei seit über hundert Jahren so weit gediehen, dass es nur sehr selten glücke, irgend eine kleine neue Tierart verborgen im Humus, unter Steinen oder in Höhlen zu entdecken. Der Tatzelwurm sei einige Male gefangen und einer von einem Mittelschüler sogar in einer Schachtel nach Hause getragen worden (Fall Klagenfurt-Kreuzbergl). Aber alle diese gefangenen Tiere seien wieder freigelassen worden, keiner sei in ein wissenschaftliches Institut gelangt. Professor Meixner betonte, „Es ist als völlig ausgeschlossen zu betrachten, dass es in unseren Alpen ein für sie bisher unbekannt gebliebenes oder für die Wissenschaft überhaupt neues Tier vom Formate des Tatzelwurms gibt. Dessen ungeachtet wird dieser noch oft gesehen werden. Er wird und möge weiterbestehen im Glauben der Mutterschicht unseres Volkes als ein allerdings verkleinerter letzter Nachkomme der grossen Drachen und Lindwürmer unserer Urahnen, mit den um sie gesponnen Sagen und Märchen.“

Der Tatzelwurm von Winterthur

Ein Witzbold aus Winterthur schickte der Direktion des „Zoologischen Gartens“ in Basel im Juni 1935 den leblosen Körper eines gut 50 Zentimeter langen, armdicken „Tatzelwurms“ mit kurzen Vorderbeinen und einen sechs Seiten umfassenden Brief zu. Beim Auspacken des grauen Kadavers mit glatter Haut wie bei einer Eidechse soll man im „Zoologischen Garten“ nicht wenig erschrocken gewesen sein. Doch bei einer genauen wissenschaftlichen Untersuchung stellte ein Zoologe fest, dass es sich nur um ein Phantasieprodukt aus Gummi handelte. Die Zoodirektion werde sicherlich vielen ein köstliches Vergnügen bereiten, wenn sie das Gummitier in einem Käfig im Garten ausstelle und den Besuchern eine Sehenswürdigkeit biete, witzelte das „Winterthurer Tagblatt“ am 22. Juni 1935 im Artikel „Der „Tatzelwurm“ von Winterthur“.

In der ehemaligen „Neuen Berner Zeitung" (1919–1973)
las man am 15. Januar 1936
einen Brief in Gedichtform
des Tatzelwurms an die „Loeb A. G." in Bern:

„Lieber Loeb!

I möcht, das wirst Du doch verstehn,
auch einmal unter Menschen gehn.
Zu diesem Zweck bestellt ich mir
im Ausverkauf ein Kleid bei Dir.
Ich weiss, Du lieferst prompt und willig,
bei Dir kauft man erstaunlich billig.
Für Wünsche schreib ich noch einmal;
Gruss Tatzelwurm von Haslital!"

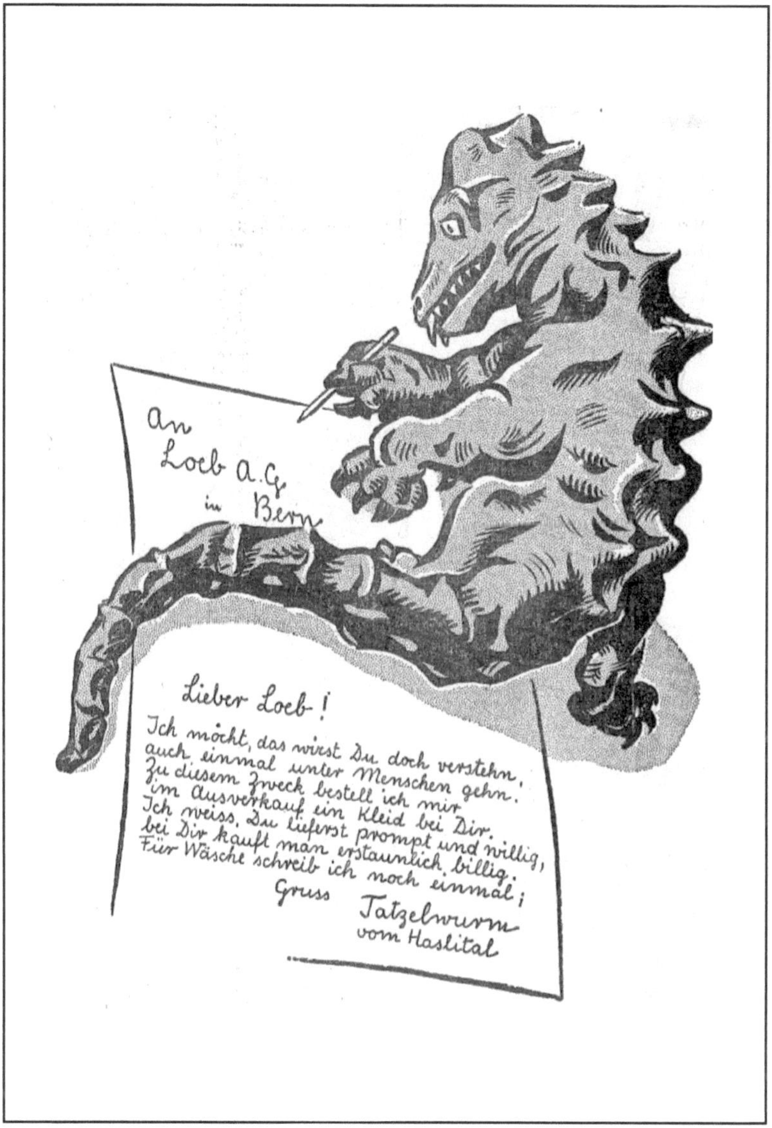
An
Loeb A.G.
in Bern
Lieber Loeb!
Ich möcht, das wirst Du doch verstehn,
auch einmal unter Menschen gehn.
Zu diesem Zweck bestell ich mir
im Ausverkauf ein Kleid bei Dir.
Ich weiss, Du lieferst prompt und willig,
bei Dir kauft man erstaunlich billig.
Für Wäsche schreib ich noch einmal;
Gruss Tatzelwurm
vom Haslital

Das Hallwiler Ungetüm

Wenn irgendwo ein Ungeheuer gesichtet wird, entdeckt man meistens bald noch ein anderes. So war es im Spätsommer 1935 auch in der Schweiz. Das „Thurgauer Tagblatt“ berichtete am 5. September 1935, es sei in den letzten Tagen sehr heiß gewesen und in einer solchen Schwüle würden alljährlich gern so genannte „Zeitungsenten“ ausgebrütet. Als „Zeitungsente“, „Ente“ oder „Tatarenmeldung“ bezeichnet man eine bewusste oder unbewusste Falschmeldung. Im vorliegenden Fall hieß es, ein riesiges gehörntes Kamel mit Fischleib würde – laut einer Meldung des Genfer Korrespondenten der britischen Zeitung „Daily Mail“ – im Hallwilersee sein Unwesen treiben. Das Seeungetüm müsse mit dem „berüchtigten Loch Neß-Monster“ – so die damalige falsche Schreibweise – verwandt sein, weil es dieselbe Lebensweise habe. Es zeige sich nur wenigen privilegierten Touristen, während es den Fischersleuten wohlweislich aus dem Weg gehe. Nach Ansicht des „Thurgauer Tagblatt“ müsse das Hallwiler Ungetüm mit dem Tatzelwurm aus dem Berner Oberland verwandt sein. Es wäre interessant, zu erfahren, durch welche Gewässer diese Seeschlange von der Berliner Illustrierten in die englische „Jingo-Presse“ gelangt sei. Man dürfe nicht vergessen, dass zahlreiche böse Zungen in England die „Daily Mail“ schlechthin als „Daily Liar“ (deutsch: „täglicher Lügner“) beschimpften.

Ein Werbefilm über den Tatzelwurm

Im Laufe des Sommers 1935 ließ die Berner „Alpenbahn-Gesellschaft“ einen Werbefilm („Propaganda-Film“) mit dem Titel „Die Suche nach dem Tatzelwurm“ drehen. Dieser Film wurde an einem Dezembersonntag unter der Protektion des lokalen Verkehrsvereins im „Hotel Kreuz“ in Meiringen gezeigt. Der „Hauptarbeiter“ an dem Film namens „Volmar junior“ führte den Film persönlich vor. Laut einem Bericht der Zeitung „Oberländisches Volksblatt“ hatte man es

nicht zu bereuen, wenn man der freundlichen Einladung zur Filmvorführung gefolgt war. Vor dem Tatzelwurm-Film wurde die Entstehung der Alpen dargestellt. Man konnte sehen, wie die gewaltigen Gebirgsmassive durch Druck allmählich aufgetürmt wurden und durch verschiedene Einflüsse mit der Zeit wieder gewaltig an ihrer ursprünglichen Höhe eingebüßt haben, bis sie die heutige Form und Gestalt erhielten.
„Die Suche nach dem Tatzelwurm führte den Hauptdarsteller über die beiden Oberländer Seen an freundlichen Gestaden und belebten Badeplätzen vorbei hinauf nach Brienz und ins Hasli, wo die verschiedenen Naturschönheiten Aareschlucht, Reichenbachfall, Rosenlauischlucht und Handeckfall neben markanten Oberhasli-häusern, bekannten Personen und schalkhaften Trachtenmeitschi sehr vorteilhaft der Leinwand anvertraut wurde. Sogar das idyllische Gadmerkirchli und die unterirdische Kirche in Meiringen durften nicht fehlen. Im bequemen Grimselpostwagen findet der Darsteller ein liebes Lebewesen, das ihm einigermaßen über den Misserfolg, den Tatzelwurm nicht gefunden zu haben, hinweghilft. In der netten Confiserie Lüthi wird die junge Bekanntschaft bei einem Tässchen Mokka gefeiert. Plötzlich sieht sich der Suchende in der Nähe eines Pendant des Tatzelwurmes und macht mit Hilfe seiner Begleiterin einer Anzahl junger Tatzelwürmer den Garaus“. Die „Konditorei Lüthi“ in Meiringen verkaufte Tatzelwürmer aus leckerem Bisquit mit Kirschcrémefüllung, Mandeln, roter Marzipanzunge und Schoko-ladeschuppen für 3 bis 18 Franken je nach Größe.

Der Tatzelwurm als Scherzartikel

Auch ein schweizerischer Hersteller von Scherzartikeln befasste sich mit dem Tatzelwurm. Die in Zürich, Bern, Luzern, Genf und Lausanne vertretene Firma „Franz Carl Weber AG“ bot in ihrem reichhaltigen Scherz- und Ballkatalog Nr. 267 einen Tatzelwurm an. Die Be-schreibung lautete: „Der Tatzelwurm, das Wundertier. Wird aufge-

FRANZ CARL WEBER AG · ZÜRICH · BERN · LUZERN · GENF · LAUSANNE

Einige Scherzsachen aus unserem reichhaltigen Scherz- und Ballkatalog Nr. 267

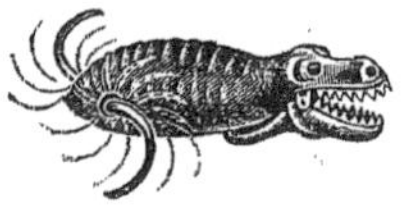

Der Tatzelwurm, das Wundertier. Wird aufgezogen und jemandem unbemerkt am Kleid befestigt. Ganz toll reißt es dann daran und erschreckt den Geulkten Fr. 1.—

Tatzelwurm-Scherzartikel im Scherz- und Ballkatalog der in Zürich, Bern, Luzern, Genf und Lausanne vertretenen Firma „Franz Carl Weber AG“

zogen und jemandem unbemerkt am Kleid befestigt. Ganz toll reißt es dann daran und erschreckt den Geulkten". Das „Wundertier", mit dem man vor allem weibliche Gäste einer Tanzveranstaltung veräppeln konnte, kostete 1 Schweizer Franken.
Wenig ist über die angeblich tatsächliche Attacke eines aggressiven Tatzelwurms in der Gegend von Gosau am Dachstein (Oberösterreich) bekannt, auf die man am 17. April 1935 in der „Berliner Illustrirte Zeitung" hinwies. Dieser weithin aufsehenerregende Vorfall geschah bereits ein Jahrhundert zuvor. Die Attacke wurde von dem deutschen Forstmann Georg von Schultes (1795 geboren) im Kapitel „Etwas über den Bergstutz oder Stollwurm in den Alpen" in dem Werk „Neues Taschenbuch für Natur-, Forst- und Jagdfreunde auf das Jahr 1836" (Weimar 1835) erwähnt. In diesem Fall soll ein Tatzelwurm einen jungen Mann angegriffen und gebissen haben. Eine Zeichnung zeigte jenen vierfüßig dargestellten „Tatzelwurm vom Dachstein".
Die Aufregung über die Tatzelwurmberichte im April 1935 in der „Berliner Illustrirte Zeitung" und die dadurch ausgelösten Kontroversen in der schweizerischen Presse haben sich bald gelegt. Jahrzehnte später vermutete der schweizerische Journalist Rudolf Wyss aus Interlaken (Kanton Bern), der sich als Chronist des Geschehens im Haslital betätigt hatte, der ganze Rummel um das Tatzelwurmfoto sei damals von der Berliner Zeitschrift inszeniert worden, um deren Absatz in der Schweiz zu fördern. Er hegte auch den Verdacht, Einheimische wären an diesem Spaß mitbeteiligt gewesen.
Sogar noch im Jahre 1953 erschienen in „Der Schlern" neue Berichte über Tatzelwurmsichtungen in Südtirol. Einer der mutmaßlichen Augenzeugen war ein zwölfjähriges Kind. Es hatte in St. Georgen (San Giorgio) bei Bozen (Südtirol) einen dicken Wurm „mit einem Kopf wie ein kleines Kind und einer Eidechse in der Goschen" (im Maul) erspäht. Der Berichterstatter, Pater Ambrosius Trafojer, jubelte, man sei somit in der Tatzelwurmforschung wieder einen Schritt weiter. Man wisse nun auch, was das Untier fresse.

Der Tatzelwurm von Meiringen erlegt! Der schreckliche Tatzelwurm, der bekanntlich vor einigen Wochen von Berlin aus an den Felsen der Meiringener Aareschlucht gesichtet wurde, konnte von einigen, nicht genannt sein wollenden Wilderern aus dem Oberhasli. erlegt werden. Die riesige Tierleiche wurde dann im Festzug des Sängertages Meiringen v. 26. Mai durch die Strassen geführt

Die Zeitschrift „Berner Illustrierte“ veröffentlichte im Frühjahr 1935 ein Foto des Tatzelwurms mit folgendem Bildtext: „Der Tatzelwurm von Meiringen erlegt! Der schreckliche Tatzelwurm, der bekanntlich vor einigen Wochen von Berlin aus an den Felsen der Meiringer Aareschlucht gesichtet wurde, konnte von einigen, nicht genannt sein wollenden Wilderern aus dem Oberhasli erlegt werden. Die riesige Tierleiche wurde dann im Festzug des Sängertages Meiringen v. 26. Mai durch die Straßen geführt“.

Nur ein Knochenfisch?

1954 erschien ein Zeitungsartikel des Fotografen Dr. Otto Croy (1902–1977). Der mit ihm befreundete, bereits verstorbene Zoologe und Jagdschriftsteller Franz Xaver Graf von Zedtwith (1906–1942) war misstrauisch gewesen und hatte einen ganzen Tag lang die Tatzelwurmaufnahme des Fotografen Balkin sorgfältig betrachtet. Schließlich kam er auf die Idee, die Zähne des Gebisses nach einem besonderen Schlüssel auszuzählen. Dabei bestätigte sich sein Verdacht, dieses Bild zeige einen Knochenfisch mit aufgesperrtem Maul. Ein solches Tier hatte im Hochgebirge nichts zu suchen. Zedtwitz fragte bei Naturalienhandlungen nach präparierten Knochenfischen und hatte nach kurzer Zeit 80 Offerten zu je 200 Mark. Er schrieb an die „Berliner Illustrirte Zeitung", er könnte 80 Tatzelwürmer für insgesamt 80.000 Mark bei der Redaktion abliefern. Eine Antwort erhielt er nicht.
War der Tatzelwurm von Meiringen im Berner Oberland nur ein Knochenfisch? Etwas ganz anderes wird in dem Buch „Mysterious Creatures. A Guide to Cryptozoology" (2002), Band 2, des amerikanischen Autors, Historikers und Kryptozoologen George M. Eberhart vermutet. Dort ist von einem gefälschten Foto, das einen Keramikfisch zeigt, die Rede.
Vereinzelt kam es auch außerhalb der Alpen zu vermeintlichen Tatzelwurmsichtungen. Zum Beispiel beobachteten 1954 Landwirte in der Nähe von Palermo auf der Mittelmeerinsel Sizilien ein wurmähnliches Tier mit einem Katzenkopf und zwei Vorderbeinen, das eine Schweineherde angriff. Im Internet ist eine Zeichnung zu finden, welche diesen spektakulären Tatzelwurmfall darstellt.

Die Schlange der Wiesel

„Der entlarvte Tatzelwurm: Schlange riss auseinander" lautete 1964 ein sensationell klingender Bericht des Journalisten und Autors Gustav Renker (1889–1967) in Nummer 3 der deutschen Zeitschrift

Wiesel im Sommerkleid.
Wenn eine Wieselmutter und ihre Jungen
dicht aufgeschlossen hintereinander marschieren,
wirkt das ganze Gebilde wie eine Schlange.
Zeichnung von Alfred Edmund Brehm (1829–1884)
in „Het Leven der Dieren",
Eerste Deel – De Zoogdieren,
Vierde Orde, Roofdieren (Carnivora), 1920

„Tier“. Der Verfasser hatte in den Alpen, wo so große Reptilien nicht vorkommen, eine fast zwei Meter lange Schlange gesehen. Sie trug einen kugelrunden Kopf und war so dick wie ein menschliches Handgelenk. Renker dachte kurz, es könne sich um einen Tatzelwurm handeln. Weil er sich das rätselhafte Gebilde näher anschauen wollte, ging er mit einem Gewehr in der Hand darauf zu. Kaum hatte sich Renker von einem Baumstrunk erhoben, riss die vermeintliche „Schlange“ an verschiedenen Stellen auseinander und ihre „Bruchstücke“ verschwanden im Gras. Nun erkannte Renker, dass zuvor eine Wieselmutter mit fünf oder sechs Jungen dicht aufgeschlossen hintereinander so marschiert waren, dass das ganze Gebilde wie eine Schlange wirkte. Außer marderartigen Tieren wie Wiesel und Iltis marschieren auch Spitzmausfamilien in Karawanenform, was bei rascher Fortbewegung ebenfalls an eine Schlange ähnlich dem Tatzelwurm erinnert. Die Karawanenbildung verhindert, dass sich Jungtiere verlaufen, zurückbleiben und leichte Beute für Fressfeinde werden.

Am 28. November 1969 erschien in der französischsprachigen schweizerischen Tageszeitung „Tribune de Genève“ in Genf ein Artikel über den Tatzelwurm. In der Ausgabe vom 6. Februar 1970 folgte ein Augenzeugenbericht eines „Monsieur G. J. Lavolay“. Dieser Mann behauptete, im September 1968 in der Gegend von Morcles oberhalb St. Maurice (Kanton Waadt) einem unbekannten, ungefähr 20 Zentimeter langen Tier mit großem Kopf, riesigen Augen, schrecklich starrendem Blick, rosafarbenem Körper und zwei stark reduzierten Hinterbeinen begegnet zu sein. Das Geschöpf schien ihn zu fixieren, sei es aus Angst oder um ihn anzugreifen, falls er es berühren sollte. Letzteres tat Lavolay aber nicht, sondern ging weg.

Am 13. März 1970 kommentierte der Tatzelwurm-Spezialist François Muller aus Pully in einem Artikel mit der Überschrift „Cherchez le Tatzelwurm!“ den Augenzeugenbericht von Lavolay. Muller glaubte nicht, dass Lavolay einem Tatzelwurm begegnet sei. Das beschriebene Tier sei unter anderem zu klein für einen Tatzelwurm. Er dachte eher

an einen entwickelten Feuersalamander oder Bergmolch, wie sie in jener Gegend vorkämen. Bei diesen Arten träten Albinoformen und Neotonie (Beibehalten der Larvengestalt im Erwachsenenstadium) auf. Ungeachtet dessen war Muller davon überzeugt, dass neben Verwechslungen und Phantastereien eine Anzahl glaubwürdiger Beobachtungen vorliege, um die Existenz einer bisher noch nicht wissenschaftlich beschriebenen Tierart annehmen zu dürfen. Am ehesten würde er diese irgendwo in der Verwandtschaft großer Eidechsen oder Schwanzlurche ansiedeln. Noch bis vor fünf Jahren habe er von detaillierten Augenzeugenberichten über Tatzelwürmer aus Südtirol erfahren.
Ein Tatzelwurm-Bericht vom 20. April 1985 von Ueli Halder in der Berner Zeitung „Der Bund" belebte die Diskussionen über das Fabeltier erneut. Als Reaktion hierauf erschien am 27. April 1985 der Artikel „Ich habe das Fabeltier gesehen" von S. J. Blaupot ten Cate aus Hilterfingen. Er teilte mit, er habe in den 1920-er Jahren an einem Tag im späten Frühling einen Tatzelwurm gesehen. Dies sei am frühen Morgen in Kootwijk (Holland), etwa 400 Meter östlich der neuen reformierten Kirche, geschehen. Schätzungsweise 40 Meter vor seinem Auto habe der Tatzelwurm die Straße überquert. Er war etwa einen dreiviertel Meter lang, hatte eine braune schuppenähnliche Haut und keinen eigentlichen Schwanz. Mit seinen vielen kleinen Füßchen bewegte sich das Tier im Gegensatz zur horizontalen Schlängelung der Reptilien schnell mit einer vertikalen Wellenbewegung fort. Als S. J. Blaupot ten Cate näher kam, erblickte er statt eines Tatzelwurms eine Hermelinmutter mit ihren vier Jungen, die sehr eng aufgeschlossen, Kopf an Schwanz des Vordermanns, gingen. Weil aus größerer Entfernung kein Zwischenraum zwischen den schlanken und schlangenähnlichen Hermelinen erkennbar war, erschien das Ganze wie eine mitteldicke Schlange mit 20 Tatzen. Der vom Tau nasse Balg erzeugte einen schuppenähnlichen Eindruck. Die hoppelnde Gangart der Hermeline wirkte wie drachenähnliche vertikale Motorik. Der erste Eindruck des Augenzeugen von den die

Straße überquerenden Hermelinen war, es handle sich um einen Tatzelwurm. Die Vermutung von S. J. Blaupot ten Cate, die Tatzelwurm-Sichtungen beruhten auf fehlgedeuteten Ausflügen von Mardermüttern mit ihren Jungen blieb nicht unwidersprochen. Denn sie basiere auf der falschen Meinung, der Tatzelwurm sei eine Art Tausendfüßer mit einer Vielzahl kleiner Füßchen oder Tatzen. Der wirkliche Tatzelwurm im Alpenraum habe laut zahlreicher Zeugenaussagen in der Regel zwei Gliedmaßen im Brustbereich.
Als Reaktion auf den Tatzelwurm-Bericht von Ueli Halder vom 20. April 1985 erschien am 2. Mai 1985 in „Der Bund“ auch eine Leserzuschrift von E. Schenker aus Bern mit der Überschrift „Ich betreute Balkin“. Schenker erklärte, er habe vom 21. Februar bis zum 2. März 1935 den Reporter Balkin betreut. Dieser hätte ihm von einem geheimnisvollen Tier erzählt, das in der Schweiz hausen müsse. Dieses wolle er unbedingt fotografieren, denn als international bekannter Reporter sei er „scharf“ auf solche Themen. Balkin sei während dieser Zeit nach Meiringen gegangen, am anderen Tag aufgeregt zu Schenker zurückgekommen und habe diesem gesagt, er hätte das Tier gesehen. Das Tier sei auf einer Wiese zwischen Meiringen und Innertkirchen auf ihn zu gekommen. Mit der schussbereiten Leica habe er ein paar Aufnahmen geschossen. Schenker habe ihm geholfen, den Film zu entwickeln. Dann hätten beide ein unheimlich aussehendes Tier, halb Drache, halb Eidechse, erblickt. Es müsse zwischen 40 und 80 Zentimeter hoch und ziemlich lang gewesen sein. Schenker habe dann mit einem Professor der Universität telefoniert, ob er diesem eine Vergrößerung des Fotos zeigen könne. Der Professor habe gesagt „Wenn Sie mir das Tier tot oder lebendig in mein Büro bringen, kann ich mich mit der Sache befassen; wenn das nicht möglich ist, lassen Sie mich bitte aus dem Spiel.“ Schenker fragte Balkin, ob es sich um eine Attrappe handeln könne, was der Fotograf ausdrücklich verneint habe.
Ganz still ist es auch in den 1990-er Jahren nicht um den Tatzelwurm geworden. 1990 entdeckten Ausflügler, darunter Guiseppe Costale,

Gila-Krustenechse bzw. Gilatier (Heloderma suspectum)
Gila monster (Heloderma suspectum)
im „American International Rattlesnake Museum“,
Albuquerque, New Mexico (USA).
Foto: Blueag9 bei „Wikipedia“ / CC-BY-SA3.0

auf der Alpe Lusentino, wenige Kilometer westlich von Domodossola in Italien, auf mehr als 1.000 Meter Höhe das Skelett einer ca. 70 Zentimeter langen Eidechse. Im Oktober 1991 erblickte Costale auf der selben Alpe beim Pilzesammeln ein rund 70 Zentimeter langes, sich im Zickzack bewegendes Reptil mit dunklem Rücken, grauen Flanken, Kamm und unruhigem Blick. Das Entdeckerglück blieb Costale im September 1992 hold, als er das Tier erneut sah.
Legenden aus der Bevölkerung zusammentragen und den vermeintlichen Lebensraum des Tatzelwurms untersuchen, wollte die „Expedition Tatzelwurm" des deutschen Kryptozoologen Michael Schneider bei mehreren Forschungsreisen in den Jahren 2006, 2007, 2010 und 2012. Schneider und andere Mitglieder der „Interessengemeinschaft Kryptozoologie" erwarteten dabei nicht, das legendäre Fabelwesen tatsächlich zu Gesicht zu bekommen, sondern hatten vor, Informationen und Bildmaterial zu sammeln. 2006 ging es in die Alpen, 2007 in das Grenzgebiet zur Schweiz, 2010 nach Österreich und 2012 in die Dolomiten.

Ein Verwandter der Echsen?

Wegen seiner äußeren Erscheinung, seines Lebensraumes und seines Verhaltens siedelt der schweizerische Zoologe und Publizist Markus Kappeler den Tatzelwurm am ehesten in der Verwandtschaft der Echsen an. Warum sollte es sich beim Tatzelwurm nicht um eine eigenständige Entwicklung der Kriechtierfauna des Alpenraums handeln? fragt er.
Ein Verhalten wie der Tatzelwurm legt die Gila-Krustenechse bzw. das Gilatier *(Heloderma suspectum)* an den Tag. In „Brehms Tierleben" las man über diese Echse: „Durch unangenehmen Geruch und heimtückisches Wesen – sie ging sogar, wenn sie gestört wurde, unvermutet zum Angriff über und schnappte wütend nach dem Ruhestörer, wobei ihr der Geifer tropfenweise aus dem Maule lief – verdarb es die Echse ganz mit ihrem Pfleger".

Adam und Eva im Garten Eden
mit der Schlange am Baum der Erkenntnis von gut und böse,
Holzschnitt aus „Die Bibel im Bildern“ (1860)
von Julius Schnorr von Carolsfeld (1794–1872)

Als angriffslustig gilt auch die Stutzechse oder Tannenzapfenechse *(Trachysaurus rugosus = Tiliqua rugosa)*. Über sie hieß es in „Brehms Tierleben", sie sei zu Beginn ihrer Gefangenschaft geneigt, von ihrer nicht unbeträchtlichen Kieferkraft Gebrauch zu machen. Wenn sie zornig sei, lasse sie ein Zischen oder Fauchen hören. Da sie für giftig halten werde, sei sie bereits sehr selten und unbarmherzig totgeschlagen worden.

Der Haselwurm

Als naher Verwandter des Tatzelwurms gilt der sagenumwobene Haselwurm, der eher in die Welt der Märchen als in die der Wissenschaft gehört. Über dieses friedfertige, dicke und weiß gefärbte Lebewesen liegen angeblich bereits seit der Pharaonenzeit in Ägypten phantasievolle Berichte vor. Teilweise werden der Tatzelwurm und der Haselwurm sogar in einem Atemzug erwähnt. Tatsächlich aber ist der Begriff Haselwurm keines der vielen Synonyme für den Tatzelwurm.
Die Größe und Gestalt des Haselwurms entsprechen angeblich einem menschlichen Wickelkind. Er soll auch wie ein kleines Kind weinen.
Der Name Haselwurm beruht darauf, dass sich dieses Tier nach dem Willen Gottes im Wurzelbereich der Haselstaude aufhalten soll. Die Haselstaude ist der heiligen Maria, der Muttergottes, geweiht. Vom Schöpfer war es dem Haselwurm auferlegt, sich im Schatten der Haselstaude zu bewegen und sich von ihren Zweigen zu ernähren.
Mitunter wird der Haselwurm mit der Schlange im Paradies, die Adam und Eva in Versuchung führte, in Zusammenhang gebracht. Deswegen nennt man sie auch „Paradiesschlange" oder „Wurm der Erkenntnis".
Dem Haselwurm sagt man übernatürliche Kräfte zu. In manchen Ländern behauptet man, er könne Berge zum Einstürzen bringen.
Wer sein Fleisch isst, werde unsterblich, bleibe immer jung, gesund und schön, könne verborgene Dinge sehen, die Sprache aller Völker und der Tiere verstehen, fände verborgene Schätze, erkenne alle

„Der Heerwurm". Nach der Natur gezeichnet von Emil Schmidt (1837–1906) in „Die Gartenlaube" (1871)

Pflanzen der Erde und deren Heilkraft. Laut einer Überlieferung aus Tirol soll der schweizerische Arzt, Alchimist, Astrologe, Mystiker, Laientheologe und Philosoph Theophrastus Bombastus Paracelsus (um 1493–1541) nach einem Haselwurm-Mahl bei einem Verdauungsspaziergang plötzlich das Gezeter zwei streitender Elstern verstanden haben. Außerdem habe er fortan die in Pflanzen verborgenen Heilkräfte erkennen können.
Wunderliche Geschichten über den Haselwurm kursieren vor allem in Südtirol. Solche hat der Südtiroler Volkskundler Hans Fink (1912–2002) in seinem Buch „Verzaubertes Land – Volkskunst und Ahnenbrauch in Südtirol“ (1969) geschildert. Ihm zufolge suchte ein Bauer aus Ragglberg sehnsüchtig nach diesem Geschöpf, weil ihm ein Apotheker aus Brixen dafür so viel Geld geboten hatte, dass er sich damit eine Alm unter dem Peiterkofl kaufen hätte können. Nur Sonntagskindern sollte sich der in Altrei unter Haselstauden lebende Haselwurm zeigen. In Latzfons verwandelte sich ein verfolgter Haselwurm angeblich in einen Vogel, der davonflog und dabei pfiff. In St. Georgen bei Bozen hat man noch 1951 einen Haselwurm in Gestalt eines Wickelkindes („Fatschkind“) erblickt. Auf dem Rittner „Rosswagen“ hauste ein Haselwurm, der einem „gewickelten Kind“ ähnelte. Zwei Frauen, die zur Kirche gingen, begegneten in Spisses beim Schannerkreuz einem Haselwurm, der über den Weg kroch. Eine Magd sah beim Mähen unweit von Trillegger auf Teis einen Haselwurm.
Unglaubliche Geschichten über den Haselwurm oder Heerwurm kennt man auch aus dem Harz und aus Thüringen. Im Juli 1597 stieß „eine Frau aus Holbach unterm Clettenberg“ beim Sammeln von Heidelbeeren am Spitzenberg im Harz auf einen „ungeheuren Wurm oder eine Schlange“. Bei deren Anblick ergriff sie die Flucht und eilte ohne Heidelbeeren nach Sorge, wo sie einem Holzfäller namens „alter Wilhelm“ und dessen Frau ihr Erlebnis erzählte. Die Beiden lachten die Frau aus. Acht Tage später erblickte der Holzfäller auf dem Weg zum Spitzenberg einen schätzungsweise 18 Fuß (etwa 5,40 Meter)

langen Wurm. Jener war so dick wie ein männlicher Oberschenkel, trug einen katzenähnlichen, grünlich-gelben Kopf und besaß Füße am Bauch. Der Holzfäller hatte zunächst angenommen, es handle sich um einen von einer Eiche gefallenen Ast. Doch dann sah er, wie sich der vermeintliche Ast bewegte und sich ein Kopf aus dem Haselgebüsch erhob. Schnell rannte der Holzfäller davon und erzählte seinen Nachbarn von seiner unheimlichen Begegnung.

Ein halbes Jahrhundert zuvor soll ein zwölf Fuß (rund 3,60 Meter) langer Haselwurm mit hechtartigem Gesicht drei Jahre lang bei den Ruinen der Harzburg unweit des Klosters Ilfeld in der Grafschaft Honstein wiederholt gesichtet worden sein. Eines Tages erlegten ihn zwei Holzhauer namens Schönemann aus Sachswerfen. Ein anderer Wurm hielt sich einst auch in der Grafschaft Henneberg auf. Seine abgezogene Haut zeigte man später angeblich in Schleusingen. In den Herzogtümern Lüneburg und Braunschweig sollen riesige Würmer oft dem Vieh die Milch ausgesaugt und die Wiesen vergiftet haben. Anwohner rächten sich, indem sie zwei bis drei Ellen (1,37 bis 2 Meter) lange Jungtiere der Würmer töteten. Über die Haselwürmer im Harz hat 1617 der Walkenrieder evangelische Theologe und Lehrer Heinrich Eckstorm (1577–1622) in der „Chronicon Walkenredense“ berichtet. Der Ingenieur und Heimatforscher Fritz Reinboth aus Braunschweig veröffentlichte 1987 in der Heimatzeitschrift „Unser Harz“ den Beitrag „Vom Heer- oder Haselwurm. Wer ihn sah, ergriff die Flucht“.

Der Haselwurm galt einst als Kriegsbote und wurde deswegen auch als Heerwurm oder Kriegswurm bezeichnet. Man glaubte früher, der aufwärts ziehende Heerwurm künde Krieg an, der abwärts ziehende dagegen verheiße Frieden. Dem Thüringer Schriftsteller, Bibliothekar, Archivar und Apotheker Ludwig Bechstein (1801–1860) zufolge, legten thüringische Wäldler ihre Kleidung der Heerschlange in den Weg, damit sie darüber kröche. Dies brächte Glück und beschere unfruchtbaren Frauen Fruchtbarkeit und den Gesegneten in Hoffnung leichte Geburt und Entbindung.

Als Erster hat der Arzt August Christian Kühn (um 1743/1744--1807) aus Eisenach in Thüringen den Heerwurm erforscht und diesen zwischen 1774 und 1782 in einem dreiteiligen Aufsatz beschrieben. Seine Abhandlung präsentiert die älteste bekannte Abbildung eines Heerwurms. Laut Kühn besteht der Heerwurm aus zahllosen kleinen, glasigweißen Larven einer Mückenart, die am Boden unter feuchtem Laub leben. Diese Larven unternehmen vor allem nachts oder am frühen Morgen zusammen Züge, bei denen sie vielleicht Verpuppungsplätze suchen. Auf diese Weise bilden die ungefähr acht Millimeter langen, knapp millimeterdicken Larven mit glänzend schwarzen Köpfchen ein bis zu vier Meter langes Band, das mehrere Zentimeter breit sein kann. Auf flüchtige Beobachter wirkt dieses Band wie ein einziges schlangenartiges Lebewesen. Auch im Harz hat man den Heerwurm oft gesehen.
Bei Reinhardsbrunn im Thüringer Wald wurde der Heerwurm 1983 sowie am 24. Juli 1984 und am 2. August 1984 beobachtet. Über diese Sichtungen erschienen Berichte und Bilder in mehreren Fachzeitschriften. Die größte dieser Larvenprozessionen war ungefähr drei Meter lang.

Die Krönleinschlange

Gar nicht selten verwechselt man den Tatzelwurm mit der Krönleinschlange, die – man höre und staune – ein glänzendes goldenes Krönlein auf dem Kopf tragen soll. Dieses Geschöpf aus dem Reich der Märchen und Sagen wird auch als „König der Schlangen", „Schlangenkönig", „König der Würmer", „Natternkönig" oder „Weiße Schlange" betitelt. Im Dialekt ist vom Kruendlwurm, der Kranzelnatter oder Kranlnatter die Rede. Im Gegensatz zum Tatzelwurm, der angeblich sogar Menschen überfällt, gilt die Krönleinschlange mit der Gestalt einer Ringelnatter als friedliches Lebewesen.
Der legendären und kostbaren Goldkrone der Krönleinschlange schreibt man viele magische Eigenschaften zu. Sie soll dem jeweiligen

„Der Basilisk und das Wiesel“, Darstellung des böhmischen Zeichners und Kupferstechers Wenceslaus Hollar (1607–1677), Original in der „University of Toronto Wenceslaus Hollar Digital Collection“

Besitzer viel Macht und Reichtum bescheren. Andererseits ist angeblich die Wahrscheinlichkeit groß, dass jemand, der sich das Krönlein aneignete, großes Unheil oder sogar der Tod drohe.
Es sind List und Tücke erforderlich, um der Krönleinschlange ihre begehrenswerte Goldkrone abnehmen zu können. Eine der Methoden hierfür besteht darin, dass eine Jungfrau ein weißes Leintuch nahe des Schlupfwinkels der Krönleinschlage ausbreitet. Nach einiger Wartezeit erscheine dann die Krönleinschlange und lege ihre Goldkrone auf dem Tuch ab, um ein erfrischendes Bad in einem nahen Gewässer zu nehmen. Die Jungfrau müsse dann die Goldkrone ergreifen und schnell damit heimlaufen. Wichtig dabei sei, dass sie durch neun Türen gehen müsse. Sonst würde sie von der wegen des Diebstahls erzürnten Krönleinschlange eingeholt und grausam in Stücke gerissen.
Womöglich basiert die Mär von der Goldkrone der Krönleinschlange lediglich auf dem kreuzförmigen Nackenfleck der Kreuzotter? Diese Vermutung äußerte der Biologe Ulrich Halder.
Um die Krönleinschlange ranken sich allerlei Legenden. Beispielsweise die heute längst vergessene Kunst des Natternbannens. Dabei beschwört der Natternbanner – ähnlich wie der Rattenfänger von Hameln – die Nattern und Schlangen zusammen. Dann vertreibt er sie aus dem von ihnen heimgesuchten und geplagten Ort.
Bei der Krönleinschlange wird eine Verwandtschaft zum Drachengeschlecht nicht ausgeschlossen. Denn die stacheligen Fortsätze und Hörner eines Drachenhauptes sind leicht mit einer Krone zu verwechseln.

Der Basilisk

Der Basilisk ist ein Mischwesen mit dem Oberkörper eines Hahns, mit einer Krone auf dem Kopf und mit einem Unterleib wie eine Schlange. Es heißt, ein Hahn lege ein schwarzes Ei in einen See, wo es von der Sonnenwärme ausgebrütet werde. Aus dem Ei schlüpfe

dann ein Tatzelwurm, der vielleicht zu einem Lindwurm heranwachse. Angeblich steht der Basilisk der Krönleinschlange nahe. Wie jene trägt er ebenfalls eine Krone auf dem Kopf und wird als „König der Schlangen“ bezeichnet. Basiliskos bedeutet im Altgriechischen „Kleiner König“.
Wie ein Basilisk entstanden sein soll, hat der Naturforscher Konrad Gesner geschildert: „Wenn der Han auff sein höchst alter kompt, welches bey ettlichen das sieben, ettlichen das neündt, oder auffs längst das vierzehend jar erreicht, (je) nach dem einer von natur starck oder schwach ist, oder auch (je) nach dem er wenig oder viel mit den hennen zuthun gehabt (…), als dann leget er ein ey in den heissesten monaten des Sommers, in den hundstagen, welches zweyfels ohne bey ihm aus einem verdorbnen und verhaltnen samen, oder anderen bösen feuchtigkeiten zusamen gerunnen, gezeüget, nit langlecht wie ein hennen ey gestaltet, sondern rund wie eine kugel, einmal gelb oder bleich, das andermal blawlecht, offen gesprengt, darauss (wie ettlich meinen) der Basiliscus herkommen soll, ein vergifftes Thier, anderthalb schuech lang, mit dreyen spitzen an der stirnen, als mit einer königlichen kron gekrönet, gerade vom leyb, vast schedlich, und mit zwitzerenden augen, mit denen er allen athem vergifftet und tödtet. (…) Gleych wie die spuelwürm in der menschen leyb wachsen, und sich durch ein zusammen geronne faule matery, durch die werme gebären, mehren und läbendig machen, wie auch wespen, keffer, raupen, fliegen auss kuemist und andern faulen feüchtigkeiten gezeüget werden: Also wirdt auch aus des hanens ey ein gifftiger wurm oder ander schedlich thier, der Basiliscus, geboren, der mit seinem anrüeren, ankauchen, anathmen, pfeiffen und anschauwen, aller was er sihet, schnell schediget und tödtet.“
In der österreichischen Hauptstadt Wien soll 1212 im Brunnen des Anwesens Schönlaterngasse Nummer 7 ein glitzernder und stinkender Basilisk erschienen sein. Dies geschah, nachdem der hartherzige Bäckermeister Garhibl erklärt hatte, er werde nur dann seinem Gesellen Hans seine Tochter zur Frau gaben, wenn sein Hahn ein Ei

lege. Darauf war der Hahn laut über das Hausdach geflogen und der Basilisk im Brunnen gesichtet worden. Der Verehrer der Bäckerstochter ließ sich in den Brunnen hinab und hielt dem Basilisk einen Spiegel entgegen, worauf dem Untier seinem eigener Anblick so zuwider war, dass es zersprang. Zum Lohn für seine Tapferkeit durfte der mutige Hans die schöne Bäckerstochter heiraten.

Der Basilisk ist das Wappentier der schweizerischen Stadt Basel. Bei der Stadtgründung soll ein Basilisk in einer Höhle nahe des heutigen Gerberbrunnens gehaust haben. Nach einer anderen Version hat ein Kaufmann einen Basilisk nach Basel gebracht. 1474 fand in Basel ein Prozess statt, bei dem ein Hahn zum Tode verurteilt wurde. Man hielt ihn für schuldig, ein Ei gelegt zu haben, das wider die Natur sei. Es wurde befürchtet, aus diesem Ei könne ein Basilisk schlüpfen. Der Hahn wurde geköpft und das Ei ins Feuer geworden.

Sichtungen von Tatzelwürmern

(Auswahl)

1779: Tödlich für den Bauern Hans Fuchs endende Begegnung mit zwei angreifenden Tatzelwürmern beim Dorf Unken in den Loferer Steinbergen (Land Salzburg, Österreich). Der Bauer erliegt einer Herzattacke. Daran erinnern wiederholt erneuerte Marterl im Heutal beim so genannten Fuchsbauer. Erwähnung in „Wildanger. Skizzen aus dem Gebiet der Jagd und ihrer Geschichte" (1850) von Franz von Kobell.

Vor 1812: Tatzelwurm-Sichtungen des Spitalmeisters von der Grimsel namens Jakob Leuthold, des Schulmeisters Heinrich aus Guttannen (Mai 1811), von Hans Kehrli und Heinrich Roth im Berner Oberland (Schweiz). Kehrli sieht einen Stollenwurm, welcher zehn Junge im Leib hat, von denen eines ganz weiß ist. Erwähnung dieser Fälle durch Samuel Studer in „Über die Insecten in dieser Gegend und etwas über den Stollenwurm" in „Reise in die Alpen" (1814) von Franz Nikolaus König. Zu einem unbekannten Zeitpunkt erschlagen Knaben einen im Erdboden an der Grimselstraße aufgespürten trächtigen Tatzelwurm.

1828: Tatzelwurm-Kadaverfund eines Bauern in einem vertrockneten Sumpf bei Biel (Schweiz). Das Skelett gelangt zunächst zu Professor Franz Joseph Hugi nach Solothurn, später nach Heidelberg und Leipzig. Erwähnung in „Das Thierreich der Alpenwelt" (1854) von Friedrich von Tschudi.

Um 1835: Angriff eines Tatzelwurms auf einen jungen Mann in der Gegend von Gosau am Dachstein (Oberösterreich). Erwähnung dieser

Attacke im „Neuen Taschenbuch für Natur-, Forst- und Jagdfreunde auf das Jahr 1836“ des deutschen Forstmannes Georg von Schultes.

Um 1841: Tatzelwurm-Sichtung des Hirten Mathias Bacher beim Edelweißpflücken auf der Reichenspielberg-Alpe auf dem Spielberghorn in den Kitzbüheler Alpen (Tirol). Das Tier ist so lang und dick wie ein Menschenarm und besitzt vier kurze Pratzen. Erwähnung im Artikel „Altes und Neues vom Tazelwurm“ in der „Zeitschrift für österreichische Volkskunde“ (1895) durch Josef von Doblhoff.

1845: Tatzelwurm-Sichtung des zwölfjährigen Josef Grill (später Postillon in Berchtesgaden) und eines Altersgenossen beim Kühehüten auf einer Alm unterhalb des Sattels zwischen dem Großen und dem Kleinen Watzmann (Bayern). Als die beiden Jungen flüchten, folgt ihnen das Tier mit großen Sprüngen, doch sie können entkommen. Erwähnung im Artikel „Altes und Neues vom Tazelwurm“ in der „Zeitschrift für österreichische Volkskunde“ (1895) durch Josef von Doblhoff. Als „Fall 36“ bezeichnete Tatzelwurm-Sichtung in „Der Schlern“.

Um 1845: Ein Schafhirte auf der Tiroler Seite des Spielbergs, über den die Grenze zwischen Salzburg und Tirol verläuft, erschlägt angeblich einen Tatzelwurm mit mehr als vier Füßen. Der Hirte verkauft den Kadaver an einen Apotheker. Diesen Fall teilt ein alter Holzarbeiter dem Forstmeister Anderl mit, der wiederum Josef von Doblhoff informiert. Doblhoff erwähnt jene Tatzelwurm-Begegnung im Artikel „Altes und Neues vom Tazelwurm“ in der „Zeitschrift für österreichische Volkskunde“ (1895).

1847: Begegnung des Forstverwalters C. Vogl aus Brück mit einem Tatzelwurm am Lackenberg (Dachsteingebirge) in der Steiermark (Österreich). Vogl schlägt den Tatzelwurm mit einem Bergstock und findet ihn dann im Himbeergestrüpp nicht mehr. Erwähnung im Artikel

„Altes und Neues vom Tazelwurm“ in der „Zeitschrift für österreichische Volkskunde“ (1895) durch Josef von Doblhoff.

1849: Tatzelwurm-Sichtung durch den Hofoberforstrat i. R. Franz Rayl. Als „Fall 65“ bezeichnete Tatzelwurm-Sichtung in „Der Schlern“.

Um 1850: Tatzelwurm-Sichtungen (Molch ohne Füße) des als ehrlicher Mann geltenden Försters Engelbert Sandtner aus Ruhpolding (Oberbayern). Davon erfährt sein Nachfolger, der königlich-bayerische Forstmeister Anderl. Er berichtet hierüber Josef von Doblhoff, der diese Sichtung 1895 im Artikel „Altes und Neues vom Tazelwurm“ in der „Zeitschrift für österreichische Volkskunde“ erwähnt.

1852: Tatzelwurm-Sichtung von Johann Scharfer aus Uttendorf im Pinzgau auf der Kammeralpe im Habachtal bei Hollersbach (Land Salzburg, Österreich). Das Tier ist „circa anderthalb Fuss lang“ und armdick. Es hat einen großen und schlangenartigen Kopf und vorne zwei kurze Füßchen. Erwähnung im Artikel „Altes und Neues vom Tazelwurm“ in der „Zeitschrift für österreichische Volkskunde“ (1895) durch Josef von Doblhoff.

Ende August 1867: Tatzelwurm-Sichtung des Aushilfsjägers Michael Brandner aus Bischofshofen während einer Hirschjagd bei Blimbach (Land Salzburg, Österreich). Erwähnung im Artikel „Altes und Neues vom Tazelwurm“ in der „Zeitschrift für österreichische Volkskunde“ (1895) durch Josef von Doblhoff.

1872: Tatzelwurm-Sichtung eines Försters, der hierüber erst 1931 als 82-Jähriger erzählt. Erwähnung im Artikel „Rätselhafte Begegnung im Schweizer Hochgebirge“ von Hans Rudolf in „Berliner Illustrirte Zeitung“ vom 17. April 1935.

1880: Der österreichische Schriftsteller und Journalist Rudolf Freisauff von Neudegg erwähnt in seinem Werk „Salzburger Volkssagen“ die Tatzelwurm-Sichtung eines Jägers in der Gegend des Dorfes Urschlau bei Traunstein in Oberbayern. Angeblich beobachtet der Jäger bei diesem Tier sechs Füße.

Juli 1883: Tatzelwurm-Sichtung des Eisenbahn-Mitarbeiters Kaspar Arnold auf dem Spielberg bei Hochfilzen (Tirol, Österreich). Der etwa 30 bis 40 Zentimeter lange Wurm mit eidechsenähnlicher Gestalt hat einen furchterregenden Blick. Als „Fall 45“ bezeichnete Sichtung in „Der Schlern“.

1894: Tatzelwurm-Sichtung eines 14-Jährigen auf einem Acker bei Schloss Katzenstein unweit von Meran (Südtirol). Dabei erschlägt ein Knecht das ungefähr 60 bis 70 Zentimeter lange und armdicke Tier mit einem Hammer. Erwähnung im Artikel „Zum Tazzelwurm“ (1928) der Malerin Ada von der Planitz in „Der Schlern“. Als „Fall 2“ bezeichnete Sichtung in „Der Schlern“.

1895: Artikel „Altes und Neues vom Tazelwurm“ von Josef von Doblhoff in „Zeitschrift für österreichische Volkskunde“ mit Hinweis auf Tatzelwurm-Sichtungen des pensionierten Fürstlich Liechtensteinischen Jägers Rupert Scheurer aus Kleinarl.

1895: Artikel „Altes und Neues vom Tazelwurm“ von Josef von Doblhoff in „Zeitschrift für österreichische Volkskunde“ mit Hinweis auf eine Tatzelwurm-Sichtung des Reichsrat-Abgeordneten Friedrich Graf von Dürckheim bei einer Gemsjagd unweit von Stoder (Oberösterreich).

1895: Artikel „Altes und Neues vom Tazelwurm“ von Josef von Doblhoff in „Zeitschrift für österreichische Volkskunde“ mit Hinweis auf eine Tatzelwurm-Sichtung des Jägers Michl Klabacher auf der

Seekarspitze in Tirol. Das lebende Tier besitzt vier Pranken und lässt sich mit einem Stock herumdrehen, also ob es tot sei.

1895: Artikel „Altes und Neues vom Tazelwurm" von Josef von Doblhoff in der „Zeitschrift für österreichische Volkskunde" mit Hinweis auf ein Mädchen im Pinzgau (Land Salzburg, Österreich), das beim Heumachen mit einem Rechen einen Tatzelwurm aufstöbert und von diesem getötet wird. Auch ein Gemsenjäger erblickt diesen Tatzelwurm und flüchtet. Der Jäger erzählt davon Graf von Galen, Gutsbesitzer im Pongau, und erwähnt drei Burschen, die im Kaprunertal viele Tatzelwürmer gesehen haben wollen. Im Sommer will der Jäger dem Grafen den Platz zeigen, wo viele Tatzelwürmer beisammen seien. Dann könne der Graf auf sie schießen.

1895: Artikel „Altes und Neues vom Tazelwurm" von Josef von Doblhoff in der „Zeitschrift für österreichische Volkskunde" mit Hinweis auf Tatzelwurm-Sichtungen der Almhirtin „Alte Jagerpeter Kathl" in der Gegend von Donnersbachwald (Steiermark, Österreich). Die Frau sagt zu dem Tier jeweils „Geh weg!", worauf es verschwindet.

1895: Im Artikel „Altes und Neues vom Tazelwurm" von Josef von Doblhoff in der „Zeitschrift für österreichische Volkskunde" werden fragwürdige Tatzelwurm-Sichtungen erwähnt, die Graf von Platz, Gutsbesitzer bei Radstadt, mitgeteilt hat. Ein in Oberweißburg im Lungau (Land Salzburg) geborener Kutscher, der es mit der Wahrheit nicht genau nimmt, erzählt dem Grafen, sein Vater und sein Bruder seien an einem Berghang bei der Gewinnung von Aststreu von einem Springwurm verfolgt worden. Nicht sehr glaubwürdig war auch der Steuereinnehmer B., der berichtet, ein Bauer bei Saalfelden im Pinzgau habe mit der Spitze seines Bergstockes einen Springwurm aufgespießt und nach Hause gebracht. Dort lehnt er den Stock mitsamt Kadaver vor der Haustüre an. Weil der Kadaver entsetzlich riecht, wirft die Bäuerin ihn auf den Misthaufen. Von seinem Jäger Hanns Lackner erfährt Graf von Platz von einer Begegnung des alten Holzknechtes Rupert Eder („Bankl Roepp“) mit einem Springwurm während der Jagd im Tännengebirge. Der Knecht hört ein Pfeifen hinter sich, dreht sich um und erblickt in kurzer Entfernung einen zum Sprung aufgerichteten Tatzelwurm. Ein Schuss des Knechtes schlägt zwischen den Vorderfüßen des Tieres ein. Weil die Felsen ringsum sind mit grünem Gift besprengt sind, packt den Schützen das Grauen und er flüchtet.

1907: Tatzelwurm-Sichtung eines Berufsjägers bei Murnau in der Steiermark (Österreich) etwa 1.500 Meter über dem Meerespiegel. Dieser Jäger berichtet dem Hofrat Dr. Albert von Drasenovich, er habe einen ungewöhnlich großen Wurm von etwa 50 Zentimetern Länge und acht Zentimetern Dicke mit vier kleinen Tatzen erblickt. Der Wurm springt den Jäger an, dieser wehrt sich mit seinem Jagdmesser, worauf sich das verletzte Tier in eine Felsspalte zurückzieht. Als „Fall 46“ bezeichnete Sichtung in „Der Schlern“. Erwähnung in der Publikation „Sur la Piste des Bêtes Ignorées“ (1955) von Bernard Heuvelmans, der allerdings 1908 als Sichtungsjahr angibt.

Julitag vor 1914: Tatzelwurm-Sichtung von Josef Pichler beim Ausbessern einer schadhaften Wasserleitung oberhalb des Dorfes Tisens (Tesimo) in Südtirol). Pichler flüchtet vor dem nicht sonderlich dicken Wurm, der sich auf seine Vorderbeine stützt und den Schwanz über seinen Rücken legt. Erwähnung im Artikel „Etwas vom Tatzelwurm“ von Gymnasialprofessor Dr. Karl Meusburger 1931 in „Der Schlern“.

Um 1915: Sichtung und Tötung eines Tatzelwurms am Brünigsberg bei Meiringen im Berner Oberland (Schweiz). Erwähnung in der Meiringer Zeitung „Der Oberhasler“ vom 18. April 1936.

Um 1919: Tatzelwurm-Sichtung der 17 Jahre alten Filomena Mair unweit des Locherhofes auf dem mit Weinreben bepflanzten Föbener Bühel (Südtirol). Das kurze und dicke Tier trägt einen katzenähnlichen Kopf und besitzt zwei Füße. Erwähnung im Artikel „Etwas vom Tatzelwurm" von Gymnasialprofessor Dr. Karl Meusburger 1931 in „Der Schlern". – Tatzelwurm-Sichtung von Anton Botzner zu einem unbekannten Zeitpunkt auf dem Föbener Bühel (Südtirol) an einer durch Gebüsch teilweise verdeckten Feldmauer. Das Tier ist sehr kurz, aber dick und besitzt zwei breite Tatzen. Erwähnung im Artikel „Etwas vom Tatzelwurm" von Gymnasialprofessor Dr. Karl Meusburger 1931 in „Der Schlern".

1921: Tatzelwurm-Sichtung des 61 Jahre alten Johann Dirler beim Schloss Katzenzungen zwischen Bozen und Meran (Südtirol). Das einem riesigen Salamander ähnelnde kurze und dicke Tier verbreitet einen starken, widrigen Geruch. Erwähnung im Artikel „Etwas vom Tatzelwurm" von Gymnasialprofessor Dr. Karl Meusburger 1931 in „Der Schlern".

Mitte Juli 1921: Sichtung eines 60 bis 70 Zentimeter langen, armdicken Tatzelwurms durch einen Schafhirten und am folgenden Tag von zwei anderen Männern (einer davon namens Johann Fischnaller aus Millan bei Brissanone) auf der Sennerberg-Alpe bei Ridanna im hintersten Ridnaunertal (Südtirol). Erwähnung im Artikel „Etwas vom Tatzelwurm" von Gymnasialprofessor Dr. Karl Meusburger 1928 in „Der Schlern".

1924: Angebliche Entdeckung eines rund 1,20 Meter langen Skeletts einer mutmaßlichen gigantischen Eidechse durch zwei Wanderer unweit des Murtals (Steiermark) in den Alpen. Das Skelett wird einem Studenten der Veterinärmedizin zur Untersuchung überlassen. Dieser deutet den Fund als Reste eines Hirschgeweihes und entsorgt diesen Fund.

1926: Sichtung einer riesigen Eidechse im Murtal (Steiermark) in den Alpen durch einen zwölfjährigen Hirtenjungen. Der verängstigte Junge flüchtet und weigert sich fortan, Schafe in dieser Gegend zu hüten.

Sommer 1927: Tatzelwurm-Sichtung von drei Holzknechten in den Leoganger Steinbergen (Land Salzburg, Österreich). Der Diplom-Ingenieur Hans Flucher befragt diese drei Augenzeugen einzeln. Nach ihren übereinstimmenden Beschreibungen handelt es sich um ein etwa 60 bis 70 Zentimeter langes, armdickes Tier mit katzenartigem Kopf und zwei kurzen Vorderbeinen. Erwähnung im Artikel „Rätselhafte Begegnung im Schweizer Hochgebirge“ von Hans Rudolf in „Berliner Illustrirte Zeitung“ vom 17. April 1935.

April 1929: Tatzelwurm-Sichtung des Lehrers Ritzberger. Erwähnung im Artikel „Rätselhafte Begegnung im Schweizer Hochgebirge“ des Journalisten Hans Rudolf in „Berliner Illustrirte Zeitung“ vom 17. April 1935.

Mai 1929: Tatzelwurm-Sichtung durch den Branntweinhändler Andreas Klee aus Innsbruck (Tirol). Als „Fall 81“ bezeichnete Tatzelwurm-Sichtung in „Der Schlern“.

Ende August 1929: Tatzelwurm-Sichtung durch den Telegraphen-Amtsdirektor i. R. Hans Eggenreiter aus Hallstatt (Oberösterreich). Als „Fall 52“ bezeichnete Sichtung in „Der Schlern“.

1931: Artikel „Etwas vom Tatzelwurm“ von Gymnasialprofessor Dr. Karl Meusburger in „Der Schlern“ mit Hinweis auf eine Tatzelwurm-Sichtung des damals bereits verstorbenen Liesenwirts aus Uttendorf im Pinzgau (Land Salzburg, Österreich) auf der Pömbachalm im Felbertal. Der Wirt rennt vor dem Tier waagrecht auf dem steilen Hang davon und entkommt.

1931: Artikel „Etwas vom Tatzelwurm“ von Gymnasialprofessor Dr. Karl Meusburger in „Der Schlern“ mit Hinweis auf eine Tatzelwurm-Sichtung eines Kalterer Wirtes und seines Begleiters nahe der Eppaner Eislöcher (Südtirol). Die beiden Männer töten den rund 30 Zentimeter langen „Beisswurm“ durch Steinwürfe und Stockschläge.

1931 bis 1934: Gymnasialprofessor Dr. Karl Meusberger und Diplom-Ingenieur Hans Flucher schildern in der Südtiroler Zeitschrift „Der Schlern“ 1931, 1932 und 1934 insgesamt 85 Tatzelwurm-Sichtungen und versehen diese Fälle mit Nummern („Fall 1“ bis „Fall 85“).

1933: Der Schuldirektor i. R. und Herpetologe Jakob Nicolussi aus Bozen vergleicht 65 Tatzelwurm-Beschreibungen aus der Südtiroler Zeitschrift „Der Schlern“.

1934: Tatzelwurm-Sichtung des Bauarbeiters Naegeli aus Aeppigen bei Innertkirchen (Kanton Bern, Schweiz) nahe einer Brücke bei Aeppigen über die Aare. Der Wurm hat einen breiten Kopf, plumpen Körper und kleine Füße. Naegeli flüchtet vor ihm und kommt verstört zu Hause an. Erwähnung im Artikel „Rätselhafte Begegnung im Schweizer Hochgebirge“ von Hans Rudolf in „Berliner Illustrirte Zeitung“ vom 17. April 1935.

1935: Angeblich erstes Foto eines lebenden Tatzelwurms in der deutschen Wochenzeitschrift „Berliner Illistrirte Zeitung“ vom 17. April 1935. Die Aufnahme stammt von dem Fotografen Paul Balkin und soll in der Gegend von Meiringen im Berner Oberland (Schweiz) entstanden sein.

18. April 1935: Die Meiringer Zeitung „Der Oberhasler“ berichtet über eine frühere Sichtung und Tötung eines Tatzelwurms durch Steinwürfe im Steinbruch der „Elektrowerke Reichenbach“ beim Unterbalmiweg.

23. April 1935: Artikel in der Meiringer Zeitung „Der Oberhasler" mit Hinweis auf eine Tatzelwurm-Sichtung, über die ein vor einigen Jahren verstorbener höherer Beamter erzählt hat. Er erblickt im Alter von 15 Jahren beim Ziegenhüten nahe Unterstock einen „dickleibigen Wurm" mit zwei kurzen Stumpenbeinen und flüchtet vor ihm.

23. April 1935: Artikel in der Meiringer Zeitung „Der Oberhasler" mit Hinweis auf eine Tatzelwurm-Sichtung eines Mannes im Felsriegel Kirchet (Berner Oberland, Schweiz). Darüber erzählt die Tochter jenes Mannes der Zeitung folgendes: Ihr Vater sucht Haselstauden und entdeckt bei einer Rast einen dicken Wurm mit spitzen Zähnen. Als das Tier pfeift, flieht der Mann entsetzt nach Hause.

1948: Tatzelwurm-Sichtung in den französischen Alpen (laut Boulevardzeitung „Le Matin", Lausanne, 12. Mai 1985).

1950: Angebliche Tatzelwurm-Sichtungen im Juragebirge (laut Harold T. Wilkins: Flying Saucers on the Attack, S. 36, New York 1967).

1953: Augenzeugenbericht eines zwölfjährigen Kindes über eine Tatzelwurm-Sichtung in St. Georgen (San Giorgio) bei Bozen (Südtirol). Erwähnung im Artikel „Man weiss jetzt auch,was er frisst – der Tatzelwurm" von Pater Ambrosius Trafojer in „Der Schlern" (1953).

1954: Tatzelwurm-Sichtung in Nähe von Palermo auf der Mittelmeerinsel Sizilien (Italien). Ein Tatzelwurm greift eine Herde von Schweinen an. Hierüber existierte eine Zeichnung, die heute im Internet zu sehen ist.

Sommer 1963: Tatzelwurm-Sichtungen in der Gegend von Udine (Oberitalien). Nach einem hohen Pfiff erscheint eine etwa vier Meter lange Schlange mit einem Kopf so groß wie ein Kinderkopf und mit einem telegrafenstangengroßen Körper. Erwähnung in „Trolle, Yetis, Tatzelwürmer. Rätselhafte Erscheinungen in Mitteleuropa“ (1993) von Ulrich Magin.

1968: Tatzelwurm-Sichtung in den französischen Alpen. Erwähnung in der schweizerischen Boulevardzeitung „Le Matin“. die in Lausanne erscheint.

Sommer 1969: Sichtung eines schätzungsweise 75 Zentimeter langen Tatzelwurms durch einen männlichen Augenzeugen bei Lengstein (Südtirol). Erwähnung in „Mysterious Creatures. A Guide of Cryptozoology“ (2002) von George M. Eberhart.

November 1969: Tatzelwurm-Sichtung durch G. J. Lavolay in der Gegend von Morcles oberhalb St. Maurice (Kanton Waadt, Schweiz). Darüber erscheint am 6. Februar 1970 ein Bericht in der Genfer Tageszeitung „Tribune de Genève“.

Anfang der 1980-er Jahre: Tatzelwurm-Sichtung in der Gegend von Tisens (Tesimo) in Südtirol.

1984: Tatzelwurm-Sichtung bei Aosta (Italien). Darüber berichtet Jean-Jacques Baroloy in „Enqeute sur les animaux mysterieux“, Nummer 34, 1985.

1990: Zwei Ausflügler, darunter Guiseppe Costale, entdecken auf der Alpe Lusentino in der Region des Ossola-Tals, wenige Kilometer westlich von Domodossola in Italien entfernt, ein etwa 70 Zentimeter langes Skelett, das von einem Tatzelwurm stammen soll. Erwähnung dieses umstrittenen Fundes unter anderem in „Mysterious Creatures. A Guide of Cryptozoologie“, Band 2 (2002) von George M. Eberhart.

Oktober 1991: Sichtung eines sich im Zickzack bewegenden vermeintlichen Tatzelwurms auf der Alpe Lusentino durch Guiseppe Costale.

September 1992: Erneute Tatzelwurm-Sichtung auf der Alpe Lusentino durch Guiseppe Costale.

Literatur

AARESCHLUCHT
http://www.aareschlucht.ch/de/Angebot/Impressionen/Tatzel wurm#.VFsw1zSG9Zo
ALPENROSEN, ein Taschenbuch für das Jahr 1841, Aarau
A. P.: Das Berner Oberland und sein Tatzelwurm, Neue Zürcher Zeitung, Zürich, 23. April 1925
A. R.: Der Tatzelwurn, Die Ostschweiz, Feuilleton, Sankt Gallen, 1. Mai 1935
CATE, S. J. Blaupot ten: Ich habe das Fabeltier gesehen. Der Bund, Bern, 27. April 1985
DALLA TORRE, Karl Wilhelm von: Die Drachensagen im Alpengebiete. Zeitschrift des Deutschen und Österreichischen Alpenvereines, Berlin 1887
DER BUND: Der Stollenwurm im Haslital. Die Berliner suchen ihn, Bern 1935
DOBLHOFF, Josef von: Altes und Neues vom Tazelwurm. Zeitschrift für österreichische Volkskunde, S. 142–165, Wien 1895
DÜBI, Heinrich: Von Drachen und Stollenwürmern. Eine Untersuchung von Heinrich Dübi, Bern. Schweizerisches Archiv für Volkskunde (Archives suisses des traditions populaires) 37, S. 151–164, Basel 1939–1940
EBERHART, George M.: Mysterious Creatures. A Guide of Cryptozoologie, Band 2, Santa Barbara 2002
ECKSTORM, Heinrich: Chronicon Walkenredense, Helmstedt 1617
FINK, Hans: Verzaubertes Land – Volkskunst und Ahnenbrauch in Südtirol, Bozen 1969
FLUCHER, Hans: Zur Frage: Gibt es einen Tatzelwurm? Kosmos 28, S. 118–121, Stuttgart 1931

FLUCHER, Hans: Noch einmal die Tatzelwurmfrage (1): Ein Überblick über das Ergebnis unserer Rundfrage. Kosmos 29, S. 66–68, Stuttgart 1932

FLUCHER, Hans: Noch einmal die Tatzelwurmfrage (2): Ein Überblick über das Ergebnis unserer Rundfrage. Kosmos 29, S. 100–102, Stuttgart 1932

FLUCHER, Hans: Und abermals vom Tatzelwurm. Der Schlern, Band 13, S. 497–508, Bozen 1932

FÖHN, Kunst- und Kulturzeitschrift: Von Tatzel- und anderem Gewürm, S. 8–9, Zürich 1935

FREISAUFF VON NEUDEGG, Rudolf von: Salzburger Volkssagen, Wien 1880

HALDER, Ueli (Text) / RUST, Eva (Gestaltung): Der Tatzelwurm – ausgedacht oder ausgestorben?
http://www.evarust.ch/fileadmin/tatzelwurm.pdf

HARDER, Corinna / SCHUMACHER, Jens / SPEH, Bernhard: Nessie, Yeti und Co. – Geheimnisvollen Wesen auf der Spur, Düsseldorf 2006

H. P.: Das Wunder von Loch Ness in Meiringen. Der Oberhasler. Wöchentlicher Gruss aus der Heimat an die Hasler in der Fremde, Nr. 32, Meiringen, 18. April 1935

HEUVELMANS, Bernard: Sur la Piste des Bêtes Ignorées, Paris 1955

HÜBNER, Lorenz: Beschreibung des Erzstifts und Reichsfürstentums Salzburg, 3. Band, S. 868, Salzburg 1876

KAPPELER, Markus: Der Tatzelwurm – Fabeltier oder Alpenwildtier?
http://www.markuskappeler.ch/taz/frataz.html

KÜHN, August Christian: Von dem sogenannten Heerwurm. Der Naturforscher, S. 79–85, S. 96–110, Halle 1774

KÜHN, August Christian: Von dem sogenannten Heerwurm. Der Naturforscher, S. 226–231, Halle 1782

KUSENBERG, Kurt: Der Tatzelwurm. In: Mal was andres – phantastische Erzählungen, Hamburg 1983

LEITZINGER, Stefanie: Tatzelwürmer. In: Die Entwicklung mythologischer Gestalten in der skandinavischen Volkstradition (Diplomarbeit), S. 103–105, Wien 2013
LAVOLAY, G. J.: In: Tribune de Genève, Genf, 6. Februar 1970
LUX: Vom Tatzelwurm. Der Oberhasler. Wöchentlicher Gruss aus der Heimat an die Hasler in der Fremde, Nr. 33, Meiringen, 23. April 1935
MAGIN, Ulrich: European dragons. The Tatzelwurm, Pursuit of Cryptozoology 19, Nr. 1, S. 16–22, 1986
MAGIN, Ulrich: Trolle, Yetis, Tatzelwürmer. Rätselhafte Erscheinungen in Mitteleuropa, München 1993
MEIXNER, Joseph: Der Streit um den Tatzelwurm. Neue Zürcher Zeitung, Zürich, 5. Juni 1935
MEUSBURGER, Karl: Etwas vom Tatzelwurm. Der Schlern, Band 9, S. 189–190, Bozen 1928
MEUSBURGER, Karl: Etwas vom Tatzelwurm. Der Schlern, Band 12, S. 458–479, Bozen 1931
MEUSBURGER, Karl: Neue Beiträge zur Tatzelwurmfrage. Der Schlern, Band 15, S. 64–85, Bozen 1934
MULLER, François: Cherchez le Tatzelwurm! Tribune de Genéve, Genf, 13. März 1970
NATIONALZEITUNG: Offener Brief an den Tatzelwurm im Berner Oberland, Basel, 21. April 1935
NEUE ZÜRCHER ZEITUNG: Der „Tatzelwurm im Haslital", Zürich, 18. Mai 1935
NICOLUSSI, Jakob: Der Tatzelwurn und seine Verwandtschaft. Der Schlern 14, S. 119–127, Bozen, März 1933
OBERLÄNDISCHES VOLKSBLATT. Auf der Suche nach dem Tatzelwurm, Interlaken, Dezember 1939
OBERLÄNDISCHES VOLKSBLATT: Die Geschichte vom Stollenwurm und der Berliner Illustrierten, Interlaken, 19. April 1935
PLANITZ, Ada von der: Zum Tazzelwurm. Der Schlern, Band 9, S. 288, Bozen 1928

PROBST, Ernst: Monstern auf der Spur. Wie die Sagen über Drachen, Riesen und Einhörner entstanden, München 2001

PROBST, Ernst: Nessie. Das Monsterbuch, München 2013

REIBEGG, Ivo Putzer von: In Sache „Tatzelwurm". Der Schlern, Band 9, S. 287–288, Bozen 1928

REINBOTH, Fritz: Vom Heer- oder Haselwurm. Wer ihn sah, ergriff die Flucht. Unser Harz, Jahrgang 35, S. 183–186, Clausthal-Zellerfeld 1987

RENKER, Gustav: Der entlarvte Tatzelwurm: Schlange riss auseinander. Tier, Nr. 3, Frankfurt am Main 1964

RUDOLF, Hans: Rätselhafte Begegnung im Schweizer Hochgebirge: Der Tatzelwurm das geheimnisvolle Fabeltier der Alpenwelt zum ersten Mal fotografiert? Berliner Illustrirte Zeitung, 44. Jahrgang, Nr. 16, S. 551, Berlin, 17. April 1935

RUDOLF, Hans: Razzia auf den Tatzelwurm. Berliner Illustrirte Zeitung, 44. Jahrgang, Nr. 16, S. 553–558, Berlin, 17. April 1935

RUDOLF, Hans: Razzia auf den Tatzelwurm. Berliner Illustrirte Zeitung, 44. Jahrgang, Nr. 17, S. 601–604, Berlin, 25. April 1935

SCHENKER, E.: Ich betreute Balkin. Der Bund, 136. Jahrgang, Nr. 101, Bern, 2. Mai 1985

SCHÖPF, Hans: Fabeltiere, Wiesbaden 1991

SCHULTES, Georg von: Etwas über den Bergstutz oder Stollwurm in den Alpen. Neues Taschenbuch für Natur-, Forst- und Jagdfreunde auf das Jahr 1836, Weimar 1835

SIEGHART, August: Drachen und Tatzelwürmer in den Alpen. Der Bergsteiger, S. 889–892, München, September 1963

STAUDACHER, Karl: Der Haselwurm. Der Schlern, Band 11, S. 338, Bozen 1930

STEINBÖCK, Otto: Der Tatzelwurm und die Wissenschaft. Der Schlern, Band 15, S. 453–468, Bozen 1934

STUDER, Samuel: Über die Insecten dieser Gegend und etwas vom Stollenwurm. In: KOENIG, Franz Niklaus: Reise in die Alpen, Bern 1814

THURGAUER TAGBLATT: Nach dem Meiringer Tatzelwurm nun ein Ungeheuer im Hallwylersee, Weinfelden, 5. September 1935

TRAFOJER, P. Ambrosius: Man weiss jetzt auch, was er frisst – der Tatzelwurm. Der Schlern 27, S. 132, Bozen 1953

TSCHUDI, Friedrich von: Das Thierleben der Alpenwelt, Leipzig 1854

VALENTIN, Peter: Was ist mit dem Tatzelwurm? Zofinger Zeitung, Zofingen, Mai 1935

VENZMER, Gerhard: Ein Tier, von dem man nicht weiß, ob es existiert. Kosmos, S. 424–427, Stuttgart 1930

WIKIPEDIA (Online-Lexikon) Hans Rudolf Berndorff http://de.wikipedia.org/wiki/Hans_Rudolf_Berndorff

WIKIPEDIA (Online-Lexikon) Tatzelwurm (Fabeltier) http://de.wikipedia.org/wiki/Tatzelwurm_(Fabeltier)

WINTERTHURER TAGBLATT: Der „Tatzelwurm" von Winterthur, 22. Juni 1935

WYSS, Johann Rudolf (der Jüngere): Reise in das Berner Oberland. In: Mythologie der Alpen, Band II, S. 41, Bern 1817

Bildquellen

Kryptid: 1 (via Wikimedia Commons), Lizenz: gemeinfrei (Public domain)
Reproduktion einer Zeichnung aus „Neues Taschenbuch für Natur-, Forst- und Jagdfreunde auf das Jahr 1836, Weimar 1835: 4 1935): 68
Axel Springer Syndication GmbH, Berlin (Foto von Paul Balkin aus „Berliner Illustrirte Zeitung“, Heft 16, S. 551, Berlin, 17. April 1935): 6
Reproduktion eines Holzschnittes aus dem Werk „Serpentum et draconum historiae“ des italienischen Arztes und Naturforschers Ulisse Adrovandi (1552–1605): 8
Reproduktion einer Zeichnung des italienischen Arztes und Naturforschers Ulisse Adrovandi (1522–1605): 10 oben
Reproduktion einer Zeichnung aus „Neues Taschenbuch für Natur-, Forst- und Jagdfreunde auf das Jahr 1836“, Weimar 1835: 10 Mitte
Reproduktion einer Zeichnung aus „Alpenrosen, ein Taschenbuch für das Jahr 1841“, Aarau: 10 unten
Mummelgrummel / CC-BY-SA3.0: 14 (via Wikimedia Commons), lizensiert unter CreativeCommons-Lizenz by-sa-3.0-de, http://creativecommons.org/licenses/by-sa/3.0/legalcode
Reproduktion der Postkarte Feuriger Tatzelwurm: 15
Mummelgrummel / CC-BY-SA3.0: 16 (via Wikimedia Commons), lizensiert unter CreativeCommons-Lizenz by-sa-3.0.de, http://creativecommons.org/licenses/by-sa/3.0/legalcode
Steffs88 / CC-BY-SA4.0: 17 oben (via Wikimedia Commons): lizensiert unter CreativeCommons-Lizenz by-sa-4.0-en, http://creativecommons.org/licenses/by-sa/4.0/legalcode
Fritz-F. / CC-BY-SA3.0: 17 unten (via Wikimedia Commons), lizensiert unter CreativeCommons-Lizenz by-sa-3.0.de,

http://creativecommons.org/licenses/by-sa/3.0/legalcode
Reproduktion einer Zeichnung aus der Zeitschrift „Die Gartenlaube“ von 1870: 18 (via Wikimedia Commons), Lizenz: gemeinfrei (Public domain)
Abrasax at de.wikipedia / CC-BY-SA3.0DE: 20 (via Wikimedia Commons), lizensiert unter CreativeCommons-Lizenz by-sa-3.0-de, http://creativecommons.org/licenses/by-sa/3.0/legalcode
Reproduktion eines Stiches von Conrad Meyer von 1662: 22
Reproduktion einer Zeichnung von Cornelius Bloemart (1603–1680), veröffentlicht in „Mundus subterraneus“ (1665) von Athanasius Kircher (1602–1680): 24
Reproduktion eines Gemäldes von Hans Ulrich Heidegger (1700–1747): 25
Reproduktion einer Zeichnung aus „Mundus subterraneus“ (1665) von Athanasius Kircher (1602–1680): 26
Reproduktion der Radierung „Draco Montanus“ (Berg-Drache) aus „Ouresiphoites Helveticus, sive itinera per Helvetiae alpinas regiones“ (1723) des schweizerischen Naturforschers Johann Jakob Scheuchzer (1672–1773): 28
Reproduktion einer Zeichnung von Walter Heubach (1865–1923): 28
Piet Spans / CC-BY-SA2.5: 30 (via Wikimedia Commons): lizensiert unter CreativeCommons-Lizenz by-sa-2.5-en, http://creativecommons.org/licenses/by-sa/2.5/legalcode
Michael Linnenbach aus der deutschsprachigen Wikipedia / CC-BY-SA3.0: 31 (via Wikimedia Commons): lizensiert unter CreativeCommons-Lizenz by-sa-3.0-de, http://creativecommons.org/licenses/by-sa/3.0/legalcode
Reproduktion einer historischen Zeichnung: 32
Reproduktion einer historischen Zeichnung: 33
Reproduktion eines Gemäldes von Pieter Recco (1765–1820) von 1816: 34

Reproduktion der Titelseite des Buches „Das Thierleben der Alpenwelt“ (1856) von Friedrich von Tschudi (1820–1886): 39
Reproduktion eines Porträts eines unbekannten Fotografen um 1905: 40
SaKrifieD / CC-BY-SA3.0: 44 (via Wikimedia Commons), lizensiert unter CreativeCommons-Lizenz by-sa-3.0-en, http://creativecommons.org/licenses/by-sa/3.0/legalcode
Reproduktion einer von der Malerin Ada von Planitz (1880–1936) nach einem Augenzeugenbericht von 1894 angefertigten Zeichnung im Artikel „Etwas vom Tatzelwurm“ von Karl Meusburger (1870–1940) in der Südtiroler Zeitschrift „Der Schlern“ von 1931: 46
Zeichnung von Talitha Wittich, Frankfurt am Main: 48
Reproduktion des Totenzettels für den katholischen Geistlichen und Naturforscher Professor Dr. Karl Meusburger (1870–1940): 50
Emes / CC-BY-SA3.0: 54 (via Wikimedia Commons), lizensiert unter CreativeCommons-Lizenz by-sa-3.0-en, http://creativecommons.org/licenses/by-sa/3.0/legalcode
Swiss National Library, Abbildung aus dem Buch „Album vom Berner Oberland“ (um 1902): 59 (via Wikimedia Commons), Lizenz: gemeinfrei (Public domain)
Reproduktion einer Zeichnung aus „Brehms Thierleben. Allgemeine Kunde des Thierreichs“, Siebenter Band, Dritte Abtheilung: Kriechtiere, Lurche und Fische, Erster Band: Kriechthiere und Lurche, Leipzig 1883: 62
Axel Springer Syndication GmbH, Berlin (Foto von Paul Balkin aus „Berliner Illustrirte Zeitung“, Heft 16, S. 551, Berlin, 17. April 1935): 68
Axel Springer Syndication GmbH, Berlin (Reproduktionen der Seiten 551, 553, 554, 556, 558 aus „Berliner Illustrirte Zeitung“, Heft 16, Berlin, 17. April 1935): 67, 71, 73, 75, 77
Antje Püpke, Berlin, www.fixebilder.de: 78

Reproduktionen von Karikaturen aus der schweizerischen Zeitschrift „Zürcher Illustrierte“ von 1935: 81, 82
Zeichnung von Talitha Wittich aus dem Taschenbuch „Nessie. Das Monsterbuch“ (2013) von Ernst Probst: 86
Ausschnitt eines Zeitungsartikels in der schweizerischen „Nationalzeitung“ vom 21. April 1935: 88
Zairon / CC-BY-SA4.0: 90 (via Wikimedia Commons), lizensiert unter CreativeCommons-Lizenz by-sa-4.0-de, http://creativecommons.org/licenses/by-sa/4.0/legalcode
Ximonic, Simo Räsanen / CC-BY-SA3.0: 92 lizensiert unter CreativeCommons-Lizenz by-sa-3.0-de, http://creativecommons.org/licenses/by-sa/3.0/legalcode
1935): 68
Axel Springer Syndication GmbH, Berlin (Foto von Paul Balkin aus „Berliner Illustrirte Zeitung“, Heft 16, S. 551, Berlin, 17. April 1935): 94
Reproduktion eines Artikels aus der schweizerischen Monatszeitschrift „Föhn“ von 1935: 98
Reproduktion einer Karikatur aus der schweizerischen „Neuen Berner Zeitung“ vom 15. Januar 1936: 103
Reproduktion aus dem „Scherz- und Ballkatalog“ der schweizerischen Firma „Franz Carl Weber AG“: 106
Ausschnitt aus der „Berner Illustrierten“ vom Frühjahr 1935: 108
Reproduktion einer Zeichnung von Alfred Edmund Brehm (1829–1884) aus „Het Leven der Dieren“, Eerste Deel – Zoogdieren, Vierde Orde, Roofdieren (Carnivora), 1920: 110
Blueag9 / CC-BY-SA3.0: 114 (via Wikimedia Commons); lizensiert unter CreativeCommons-Lizenz by-sa-3.0-de, http://creativecommons.org/licenses/by-sa/3.0/legalcode
Reproduktion eines Holzschnittes aus Die Bibel in Bildern (1860) von Julius Schnorr von Carolsfeld (1794–1872): 116
Reproduktion einer Zeichnung von Emil Schmidt (1837–1906) aus „Die Gartenlaube“ (1871): 118

Reproduktion der Zeichnung „Der Basilisk und das Wiesel" des böhmischen Zeichners und Kupferstechers Wenceslaus Hollar (1607–1677): 122
Klaus Benz, Fotograf, Mainz-Laubenheim: 166

Register

Ortsregister

Aareschlucht bei Meiringen (Kanton Bern) 65, 72, 76, 90, 91, 96, 99
Aeppigen bei Innertkirchen (Kanton Bern) 64, 135
Alpe Lusentino bei Domodossola (Italien) 115, 137, 138
Alpen, französische 136, 137
Altrei (Südtirol) 119
Aosta (Italien) 12, 137
Aschaffenburg (Bayern) 11
Basel (Schweiz) 101, 125
Berchtesgaden (Bayern) 29
Biel (Schweiz) 37, 127
Bischofshofen (Land Salzburg) 41, 129
Blimbach (Land Salzburg) 41, 129
Bozen (Südtirol) 135
Brixen (Südtirol) 119
Brünigsberg bei Meiringen (Kanton Bern) 84, 132
Dachstein (Oberösterreich, Steiermark) 75, 107, 127, 128
Donnersbachwald (Steiermark) 43, 131
Eppaner Eislöcher (Südtirol) 52, 135
Föbener Bühel (Südtirol) 52, 133
Gartenau bei Salzburg 41
Gosau (Steiermark) 127
Göttweig (Niederösterreich) 45
Grafschaft Henneberg (fränkische Grafschaft zwischen Thüringer Wald und Main) 120
Grimselsee im Berner Oberland (Schweiz) 87, 91

Guttannen 127
Guttannental (Kanton Bern) 36
Hallstatt (Oberösterreich) 29, 69, 134
Hallwiler See (Schweiz) 104
Handeckfall (Kanton Bern) 36
Harzburg beim Kloster Ilfeld in der Grafschaft Honstein (Thüringen) 120
Heidelberg 127
Hochbrücke Tatzelwurm bei Freimann, Stadtteil von München (Bayern) 21
Hochfilzen (Tirol) 37, 130
Holbach unterm Clettenberg im Harz (Thüringen) 119
Innertkirchen im Berner Oberland (Schweiz) 53, 89, 96, 113
Innsbruck (Tirol) 29, 134
Kammeralpe im Habachtal bei Hollerdorf (Land Salzburg) 43, 129
Kaprunertal 131
Kirchet bei Innertkirchen (Kanton Bern) 89, 136
Kleinarl (Liechtenstein) 41, 130
Kobern-Gondorf an der Mosel (Rheinland-Pfalz) 20, 21
Kootwijk (Holland) 112
Lackenberg (Steiermark) 128
Latzfons (Südtirol) 119
Leipzig 127
Lengstein (Südtirol) 137
Leoganger Steinberge (Land Salzburg) 69, 134
Meiringen im Haslital im Berner Oberland (Schweiz) 53, 56, 57, 58, 63, 64, 70, 84, 94, 96, 104, 105, 108, 113, 132, 135
Morcles oberhalb Sankt Maurice (Kanton Waadt) 111, 137
Murnau in der Steiermark 47, 132
Murtal (Steiermark) 133, 134
Oberaudorf (Bayern) 15, 16

Oberhasle (Kanton Bern) 36
Oberweißberg (Land Salzburg) 131
Ossola-Tal (Italien) 137
Palermo (Sizilien) 109, 136
Passhöhe (Kanton Bern) 36
Pinzgau (Land Salzburg) 13
Pömbachalm im Felbertal (Land Salzburg) 52, 134
Radstadt (Land Salzburg) 131
Raggleberg (Südtirol) 119
Reinhardsbrunn im Thüringer Wald 121
Ridanna (Südtirol) 133
Rittner Rosswagen (Südtirol) 119
Ruhpolding (Bayern) 129
Saalfelden (Land Salzburg) 131
St. Georgen (San Giorgio) bei Bozen (Südtirol) 12, 107, 119, 136
Schloss Katzenstein bei Meran (Südtirol) 47, 130
Schloss Katzenzungen in Prissian (Südtirol) 53, 54, 133
Seekarspitze (Tirol) 131
Sennerberg-Alpe im Ridnaunertal (Südtirol) 51, 133
Solothurn (Schweiz) 37, 127
Spielberg (Tirol) 128, 130
Spielberghorn (Tirol) 128
Spisses (Südtirol) 119
Spitzenberg im Harz (Niedersachsen) 119
Stoder (Oberösterreich) 41, 130
Tännengebirge (Land Salzburg) 132
Tatzelwurm-See (Bayern) 16
Tatzelwurm-Straße (Bayern) 13
Tatzelwurm-Wasserfall bei Oberaudorf (Bayern) 13, 14, 16
Tesimo bzw. Tisens (Südtirol) 51, 132, 137
Trillegger auf Teis (Südtirol) 119

Udine (Oberitalien) 12, 136
Unken (Land Salzrburg) 29, 33, 35, 74, 127
Unterstock (Kanton Bern) 89, 136
Uttendorf im Pinzgau (Land Salzburg) 43, 129, 134
Urschlau bei Traunstein (Bayern) 45, 130
Watzmann (Bayern) 42, 128
Wien 124
Winterthur (Schweiz) 101

Personenregister

Adam und Eva 117
Aldrovandi, Ulisse 8, 10, 26
Anderl, Forstmeister 128, 129
Arnold, Kaspar 29, 37, 130
Bacher, Mathias 128
Balkin, Paul 53, 57, 60, 63, 64, 68, 72, 76, 93, 96, 97, 113, 135
Baroloy, Jean-Jacques 137
Bechstein, Ludwig 120
Bergmüller, Jäger 41
Besta, Andrea Pozzy de 100
Botzner, Anton 52
Brandi, Künstler 80, 82, 83
Brandner, Michael 41, 129
Brehm, Alfred Edmund 119
Bundi, Gian 84
Carolsfeld, Julius Schnorr von 116
Cate, S. J. Blaupot ten 112, 113
Costale, Guiseppe 113, 115, 137, 138
Croy, Otto 109
Dirler, Johann 53, 133
Doblhoff, Josef von 17, 40, 41, 42, 43, 45, 128, 129, 130, 131

Drasenovich, Albert von 29, 47, 49, 132
Dübi, Heinrich 84
Dürckheim, Friedrich Graf von 41, 130
Eberhart, George M. 109, 137
Eckstorm, Heinrich 120
Eder, Rupert (Bankl Roepp) 132
Eggenreiter, Hans 29, 69, 134
Fink, Hans 119
Fischnaller, Johann 133
Flucher, Hans 13, 23, 29, 56, 69, 134, 135
Fuchs, Hans 29, 33, 74, 127
Galen, Graf von 131
Gesner, Konrad 22, 23
Grill, Josef 29, 42, 128
Halder, Ueli 112, 113
Halder, Ulrich 123
Heinrich, Schulmeister 36, 127
Heubach, Walter 28
Heuvelmans, Bernard 47, 48, 132
Hollar, Wenceslaus 122
Hübner, Lorenz 35
Hugi, Franz Joseph 37, 127
Jagerpeter Kathl 43, 131
Kappeler, Markus 115
Kaufmann, Ad. 97
Kehrli, Hans 127
Kircher, Athanasius 23, 24, 26
Klabacher, Michl 130
Klee, Andreas 29, 134
Kobell, Franz von 127
König, Franz Niklaus 35, 127

Kühn, August Christian 121
Lackner, Hanns 132
Lavolay, G. J. 111, 137
Leuthold, Jakob 36, 127
Liesegang-Perrot, Eugen 97
Liesenwirt 52, 134
Löb, Willebald 45
Lux, Autor 89
Magin, Ulrich 137
Mair, Filomena 52, 133
Maria, heilige 117
Meixner, Josef 29, 100
Meusburger, Karl 13, 23, 29, 46, 49, 50, 51, 52, 56, 57, 132, 133, 134, 135
Muller, François 111, 112
Naegeli, Bauarbeiter 64, 135
Neudegg, Rudolf Freisauff von 130
Nicolussi, Jakob 60, 61, 63, 135
Paracelsus, Theophrastus Bombastus 119
Pichler, Josef 132
Planitz, Ada von der 29, 46, 47, 130
Platz, Graf von 131, 132
Probst, Ernst 86
Rayl, Franz 29, 129
Recco, Pieter 34
Reinboth, Fritz 120
Reiter, Carl 43
Renker, Gustav 109, 111
Rettenbacher, Jäger 42
Ritzberger, Lehrer 69, 134
Roth, Heinrich 127

Rudolf, Hans (eigentlich Hans Rudolf Berndorff) 56, 60, 63, 64, 68, 69, 70, 72, 74, 76, 79, 129, 134, 135
Sandtner, Engelbert 129
Scharfer, Johann 43, 129
Scheffel, Joseph Victor von 13, 15, 18, 19
Schenker, E. 113
Scheuchzer, Johann Jakob 23, 25, 27
Scheurer, Rupert 41, 130
Schmidt, Emil 118
Schneider, Michael 115
Schönborn, Friedrich Graf von 41
Schultes, Georg von 107, 128
Schweinsteiger, Simmerl 13
Seiler, Künstler 79
Steinböck, Otto 29
Studer, Samuel 34, 35, 127
Trafojer, Ambrosius 107, 136
Tschudi, Friedrich von 37, 38, 127
Valentin, Peter 95, 96, 97
Venzmer, Gerhard 13
Vischer, August 13
Vogl, C. 128
Volmar junior 104
Wehrt, Rudolf von (Pseudonym von Hans Rudolf Berndorff) 57
Werner, Anton von 18
Wilhelm alter 119
Wilkins, Harold T. 136
Wittich, Talitha 86
Wyss, Johann Rudolf 36
Wyss, Rudolf 107
Zedtwitz, Franz Xaver Graf von 109

Sachregister

Aprilscherz 85, 100
Alpensalamander 29
Angriffslust 100
Arassas 11
Aschaffenburger Tatzelwurm 11
Augenzeuge 12, 23, 36, 41, 42, 69, 107, 111, 112
Basilisk 9, 11, 122, 123, 124, 125
Basilisk als Wappentier 125
Beisswurm 52
Belohnung 12, 36, 65
Bergmolch 112
Bergstutz 11, 49
Bergstutzen 41, 43, 45
Berliner Illustrirte Zeitung 53, 56, 64, 65, 66, 68, 70, 72, 74, 76, 78, 94, 109, 129, 134, 135
Berliner Tatzelwurmaffäre 53
Berner Illustrierte 108
Birgstutz 11
Birgstutzen 11, 43
Bisamkatze 11
Bisamstutzen 11
Bisamwurm 11
Brehms Tierleben 115, 117
Bund (Zeitung) 83, 112, 113
Daazlwurm 11
Daily Mail 104
Dazzelwurm 11
Drache 11
Echse 61, 115
Eidechse 107, 112

Eidechse, giftige 61
Europäische Krustenechse 63
Expedition Tatzelwurm 115
Fälschung 109
Feuersalamander 29, 30, 112
Fischotter 29, 61
Flüsselwurm 11
Föhn (Zeitschrift) 97, 98, 100
Gartenkatze 11
Gartenlaube (Zeitschrift) 118
Gasthof Feuriger Tatzelwurm 13, 15
Gift-Eidechse 35
Gilatier 61, 114, 115
Gila-Krustenechse 61, 114, 115
Glattnatter 29
Hallwiler Ungetüm 104
Haselwurm 11, 47, 49, 117, 119, 120
Heerschlange 120
Heerwurm 118, 119, 120, 121
Hermeline 112
Heuwurm 11
Iltis 111
Interessengemeinschaft Kryptozoologie 115
Jux-Meldung 89
Karawane 111
Knochenfisch 109
König der Schlangen 121, 124
König der Würmer 121
Krallenabdruck 100
Kranlnatter 45, 121
Kranzelnatter 45, 121

Krautnatter 45
Kreuzotter 29, 30, 61, 123
Kriegswurm 120
Krönleinschlange 11, 121, 123, 124
Kruendlwurm 121
Krustenechse 61, 62, 63
Larvenprozessionen 121
Legernwurm 11
Lindwurm 23
Marder 29
Moschusschlange 11
Nattern 97
Natternbannen 123
Natternbanner 123
Natternkönig 121
Natternstutz 11
Nationalzeitung 84, 85, 88
Nebelspalter (Zeitschrift) 79
Nessie 84, 85, 86, 88
Neue Berner Zeitung 102
Neue Zürcher Zeitung 91, 100
Oberhasler (Zeitung) 84, 89
Oberländisches Volksblatt 85, 104
Ostschweiz (Zeitung) 93
Paradiesschlange 117
Pratzelwurm 11
Prozess gegen einen Hahn 125
Psokok 11
Saurierfunde 95
Schlange, weiße 49, 121
Schlangenkönig 11, 45, 121

Schlangenkönigin 45
Schlern (Zeitschrift) 46, 47, 49, 51, 52, 61, 63, 107, 128, 129, 130, 132, 133, 134, 135
Schwanzlurche 112
Schweizer Illustrierte Zeitung 87
Silberfisch 93
Skorpion-Krustenechse 61
Smaragd-Eidechse 29
Spitzmaus 111
Springwurm 11, 29, 33
Steinkatze 11
Stollenwurm (anderer Name für Tatzelwurm) 11, 23, 35, 36, 37, 49, 56, 65, 89
Stollenwurm, schwarzer 23
Stollenwurm, weißer 23
Stollwurm 11
Stumpenbeine 89
Stutzechse 117
Tannenzapfenechse 117
Tatzelwurm-Angriff 29, 33, 45, 49, 74, 107, 127, 136
Tatzelwurm-Angriff mit Todesfolge 29, 33, 35,52, 131
Tatzelwurm-Augen 55, 64, 89
Tatzelwurm-Barten 93
Tatzelwurm-Bauch 43
Tatzelwurm-Behausung 9
Tatzelwurm-Beine 9, 37, 49, 89, 136
Tatzelwurm-Beute 12
Tatzelwurm-Biss 9
Tatzelwurm-Blick 9, 37, 55, 61, 79, 111, 130
Tatzelwurm-Borsten 55, 69
Tatzelwurm-Brunnen 20, 21

Tatzelwurm-Brust 43
Tatzelwurm-Dicke 43, 45, 47, 51, 69, 129, 134
Tatzelwurm-Durchmesser 55
Tatzelwurm-Eigenschaften 9
Tatzelwurm-Expedition 56, 64, 94
Tatzelwurm-Farbe 37, 43, 45, 51, 52, 53, 55, 69, 89, 111
Tatzelwurm-Film 104
Tatzelwurm-Foto, erstes 53
Tatzelwurm-Fotograf 93
Tatzelwurm-Foto von Meiringen 53, 64, 135
Tatzelwurm-Füße 36, 41, 43, 45, 52, 53, 64, 93, 99, 128, 129, 130, 133
Tatzelwurm-Gebäck 105
Tatzelwurm-Gedicht 13, 19
Tatzelwurm-Geruch 53, 133
Tatzelwurm-Gestalt 21, 37, 51
Tatzelwurm-Gift 132
Tatzelwurm-Giftzähne 9
Tatzelwurm-Hals 69
Tatzelwurm-Haut 37, 61, 69
Tatzelwurm-Höhe 113
Tatzelwurm-Junge 127
Tatzelwurm-Kadaver 37, 47, 52, 85, 127, 128
Tatzelwurm-Kopf 9, 12, 35, 43, 52, 60, 64, 65, 91, 99, 107, 109, 133, 134, 137
Tatzelwurm-Körper 9, 37, 41, 55
Tatzelwurm-Länge 9, 37, 41, 43, 45, 47, 55, 60, 61, 69, 137
Tatzelwurm-Marterl 29, 33, 35, 74
Tatzelwurm-Maul 61, 64, 89
Tatzelwurm-Name 9
Tatzelwurm-Nase 64

Tatzelwurm-Pfiff 12, 49, 51, 55, 60, 79, 89, 132, 136
Tatzelwurm-Pranken 9, 131
Tatuzelwurm-Pratzen 128
Tatzelwurm-Rücken 43
Tatzelwurm-Sage 49
Tatzelwurm-Scherzartikel 105, 106
Tatzelwurm-Schuppen 55, 61
Tatzelwurm-Schwanz 55, 69, 132
Tatzelwurm-Sichtungen 45, 51, 69, 89, 107, 109
Tatzelwurm-Skelett 115, 133, 137
Tatzelwurm-Sprung 9, 43, 52, 55, 128, 132
Tatzelwurm-Tatzen 47, 52, 132, 133
Tatzelwurm-Tötung 128, 130, 131, 132, 135
Tatzelwurm-Umfang 9, 61
Tatzelwurm-Volksmarsch 21
Tatzelwurm vom Dachstein 107
Tatzelwurm von Winterthur 101
Tatzelwurm-Vorderbeine 9, 69, 109, 132, 134
Tatzelwurm-Vorderfüße 55
Tatzelwurm-Werbefilm 104
Tatzelwurm-Zähne 61, 64, 65, 89, 93, 136
Tatzelwurm-Zeichnung 46, 47, 109
Tatzelwurm-Zunge 51, 61
Tausendfüßer (auch Tausendfüßler) 11, 112
Tazelwurm 11
Tazlwurm 11
Tazzelwurm 11, 49
Thurgauer Tagblatt 104
Tier (Zeitschrift) 111
Track 23
Tribune de Genève 111

Verwechslung 29
Waldstutz 11
Wiener Basilisk 124
Wiesel 109, 110, 111
Winterthurer Tagblatt 101
Wurm 97, 99, 120
Wurm der Erkenntnis 117
Wurm, schmeckender 11
Wurm, schmecketer 11
Wurm, schmöketer 11
Wurm, weißer 49
Zeitschrift für österreichische Volkskunde 37, 128, 129, 130, 131
Zeitungsente 104
Zofinger Zeitung 95, 96
Zoologischer Garten, Basel 101
Zürcher Illustrierte 80, 82

Autor Ernst Probst

Der Autor

Ernst Probst, geboren am 20. Januar 1946 in Neunburg vorm Wald im bayerischen Regierungsbezirk Oberpfalz, ist Journalist und Wissenschaftsautor. Er arbeitete von 1968 bis 1971 als Redakteur bei den „Nürnberger Nachrichten", von 1971 bis 1973 in der Zentralredaktion des „Ring Nordbayerischer Tageszeitungen" in Bayreuth und von 1973 bis 2001 bei der „Allgemeinen Zeitung", Mainz. In seiner Freizeit schrieb er Artikel für die „Frankfurter Allgemeine Zeitung", „Süddeutsche Zeitung", „Die Welt", „Frankfurter Rundschau", „Neue Zürcher Zeitung", „Tages-Anzeiger", Zürich, „Salzburger Nachrichten", „Die Zeit", „Rheinischer Merkur", „Deutsches Allgemeines Sonntagsblatt", „bild der wissenschaft", „kosmos", „Deutsche Presse-Agentur" (dpa), „Associated Press" (AP) und den „Deutschen Forschungsdienst" (df). Aus seiner Feder stammen die Bücher „Deutschland in der Urzeit" (1986), „Deutschland in der Steinzeit" (1991), „Rekorde der Urzeit" (1992), „Dinosaurier in Deutschland" (1993 zusammen mit Raymund Windolf) und „Deutschland in der Bronzezeit" (1996). Von 2001 bis 2006 betätigte sich Ernst Probst als Buchverleger sowie zeitweise als internationaler Fossilienhändler und Antiquitätenhändler. Insgesamt veröffentlichte er etwa 300 Bücher, Taschenbücher und Broschüren sowie rund 300 E-Books.

Bücher von Ernst Probst

Affenmenschen. Von Bigfoot bis zum Yeti
Als Mainz noch nicht am Rhein lag
Archaeopteryx. Die Urvögel aus Bayern
Das Mammut
Das Moustérien. Die große Zeit der Neanderthaler
Das Rätsel der Großsteingräber. Die nordwestdeutsche Trichterbecher-Kultur
Der Höhlenbär
Der Rhein-Elefant. Das „Schreckenstier" von Eppelsheim
Der Ur-Rhein. Rheinhessen vor zehn Millionen Jahren
Deutschland im Eiszeitalter
Deutschland in der Frühbronzezeit
Deutschland in der Mittelbronzezeit
Deutschland in der Spätbronzezeit
Die nordische Bronzezeit in Deutschland
Dinosaurier in Deutschland
Dinosaurier von A bis K. Von Abelisaurus bis Kritosaurus
Dinosaurier von L bis Z. Von Labocania bis Zupaysaurus
Höhlenlöwen. Raubkatzen im Eiszeitalter
Johann Jakob Kaup. Der große Naturforscher aus Darmstadt
Krallentiere am Ur-Rhein. Die Entdeckungsgeschichte von Chalicotherium goldfussi
Menschenaffen am Ur-Rhein. Paidopithex, Rhenopithecus und Dryopithecus
Monstern auf der Spur. Wie die Sagen über Drachen, Riesen und Einhörner entstanden